建筑施工生产安全事故案例分析

住房和城乡建设部工程质量安全监管司　组织编写

中国建筑工业出版社

图书在版编目(CIP)数据

建筑施工生产安全事故案例分析/住房和城乡建设部工程质量安全监管司组织编写. —北京：中国建筑工业出版社，2014.6
ISBN 978-7-112-16955-9

Ⅰ.①建… Ⅱ.①住… Ⅲ.①建筑工程-工程事故-事故分析 Ⅳ.①TU714

中国版本图书馆 CIP 数据核字(2014)第 120770 号

本书是由住房城乡建设部组织各地区住房城乡建设部门、住房城乡建设部建筑安全专家委员会、首都经济贸易大学、相关建筑施工企业和科研院所的专家编写的，全书共五章，收录了2008～2012年期间我国房屋和市政工程领域发生的建筑施工生产安全较大及以上事故典型案例，主要包括模板支撑工程及脚手架坍塌、建筑起重机械倒塌、基坑施工坍塌、高处坠落等事故案例。对每个事故案例，按照事故调查报告的基本事实情况，对事故的发生过程、发生原因及事故查处的分析整理，归纳总结近年来我国建筑施工安全生产高发类型事故呈现的新特点和新变化，深入分析导致事故发生的深层次原因，研究事故发生的特点与规律，达到吸取和总结事故教训、举一反三，切实加强建筑安全生产管理工作的目的，从而指导各地住房城乡建设主管部门、建筑企业、建筑从业人员有效开展安全生产管理工作。

本书既可作为建筑施工企业主要负责人、项目负责人、专职安全生产管理人员等三类人员的培训教材，也可作为住房城乡建设主管部门工作人员及相关从业人员的参考书。

责任编辑：刘　江　范业庶
责任设计：张　虹
责任校对：刘　钰　陈晶晶

建筑施工生产安全事故案例分析
住房和城乡建设部工程质量安全监管司　组织编写
*
中国建筑工业出版社出版、发行（北京西郊百万庄）
各地新华书店、建筑书店经销
北京科地亚盟排版公司制版
北京云浩印刷有限责任公司印刷
*
开本：787×1092毫米　1/16　印张：7½　字数：180　千字
2014年6月第一版　2017年12月第六次印刷
定价：**25.00**元
ISBN 978-7-112-16955-9
(25749)

《建筑施工生产安全事故案例分析》编写委员会

主　任： 尚春明

副主任： 曲　琦　唐　伟　陈大伟

成　员：（按姓氏笔画排序）

于　强　万建璞　王天祥　王英姿　王贵宝
王振鑫　王海洋　王静宇　卢希峰　乔　登
刘　锦　齐志恩　李永琰　李亚楠　李宗亮
李炳胜　杨　楠　吴炳臣　邹孟杰　张广宇
张心红　张英明　陈燕鹏　罗贵波　姜　华
徐卫星　高　康　高　蕊　高永虎　唐　华
康　宸　章　鹏　扈其强　彭　展　韩利钧
楼孝荣　解金箭　潘国钿　魏　鹏　魏吉祥
魏铁山

前　言

党中央、国务院历来高度重视安全生产工作，中央领导同志多次作出重要指示。习近平总书记特别强调："人命关天，发展决不能以牺牲人的生命为代价，这要作为一条不可逾越的红线。"近年来，各级住房城乡建设主管部门认真贯彻落实党中央、国务院关于安全生产的重大决策部署，在落实施工企业安全生产责任以及加强政府安全监管方面的力度不断加大，建筑施工生产安全事故逐年下降，建筑施工安全生产呈现稳定好转的态势。然而，在事故总量持续减少的同时，群死群伤的较大及以上事故还时有发生，如杭州地铁"11·15"坍塌事故、大连旅顺口"10·8"坍塌事故和湖北武汉"9·13"施工升降机坠落事故等。这些事故不仅造成了人员重大伤亡和财产巨大损失，也影响了社会的和谐稳定。

事故警示教育是安全生产工作的重要内容之一。为及时归纳、总结建筑施工生产安全事故的原因、特点及其发生的规律，吸取事故经验教训，并适时调整建筑施工安全管理工作的重点、思路与方向，进而采取有针对性的各项措施，有效遏制和减少建筑施工较大及以上生产安全事故的发生，切实提高我国建筑施工安全生产管理整体水平，住房和城乡建设部组织编写了《建筑施工生产安全事故案例分析》。该书收录了2008～2012年期间我国房屋和市政工程领域发生的建筑施工生产安全较大及以上事故典型案例，按照事故调查报告的基本事实情况，通过对事故的发生过程、发生原因及事故查处的分析整理，归纳总结近年来我国建筑施工安全生产高发类型事故呈现的新特点和新变化，深入分析导致事故发生的深层次原因，研究事故发生的特点与规律，达到吸取和总结事故教训、举一反三，切实加强建筑安全生产管理工作的目的，从而指导各地住房城乡建设主管部门、建筑企业、建筑从业人员有效开展安全生产管理工作。

感谢各地区住房城乡建设部门、住房城乡建设部建筑安全专家委员会、首都经济贸易大学及相关建筑施工企业和专家在本书编写过程中给予的大力支持！

目　　录

第1章　引　　言

1.1　我国建筑施工安全生产现状

目前我国正处于历史上也是世界上最大规模的基本建设时期。据统计，2012 年全国建筑业建筑施工总面积为 98.1 亿 m^2；总产值达到 135303 亿元，占我国 GDP 的近 1/4。建筑企业从业人员截至 2011 年，按各地区登记注册类型划分，已达 4311.1 万人，约占全国工业企业从业人员的 1/3。这表明，建筑业已经名副其实地成为我国国民经济的支柱产业，在国民经济增长和社会全面发展中发挥了重要作用，同时关联产业众多，社会影响较大。

然而，由于建筑施工现场环境复杂、危险因素较多以及施工人员安全生产意识淡薄等诸多因素，建筑业安全生产形势也一直比较严峻，伤亡事故不断发生，造成了巨大的人员伤亡和财产损失，并已严重阻碍了建筑业的快速健康发展。为进一步加强建筑安全生产工作，近年来，党中央、国务院及各级住房城乡建设主管部门出台了一系列相关法律、法规及技术标准，不断加大安全监管力度，严格督促施工企业落实安全责任，建筑安全生产形势明显好转，事故起数和死亡人数不断下降。根据住房和城乡建设部的统计，全国房屋和市政工程事故起数及死亡人数分别已经由 2003 年的 1292 起、1524 人下降到 2013 年的 528 起、674 人。较大及以上事故起数及死亡人数分别由 2003 年 48 起、215 人下降到 2013 年的 25 起、102 人，建筑安全生产形势稳步好转，见图 1-1。

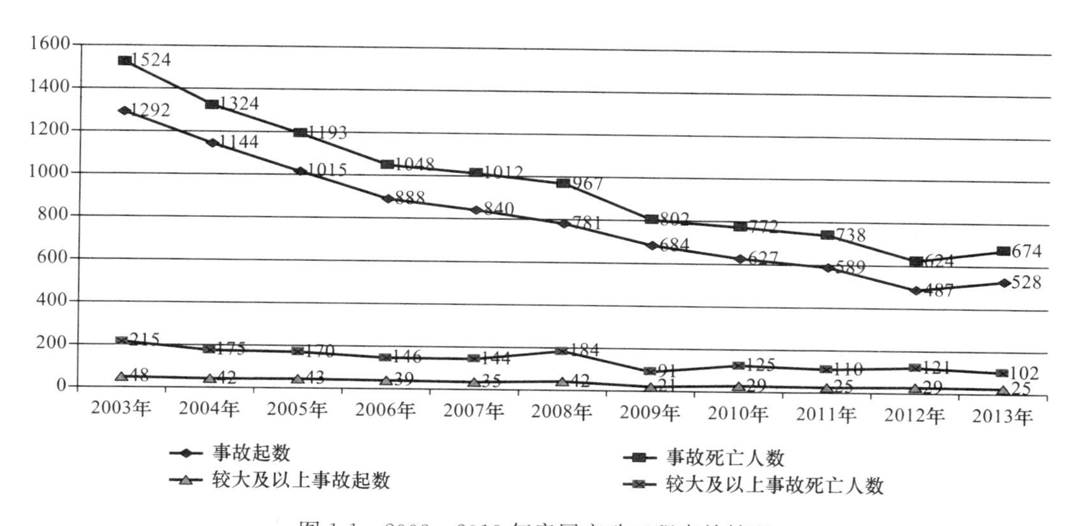

图 1-1　2003～2013 年房屋市政工程事故情况

1.2 目前建筑施工生产安全事故主要类型与特点

通过对近年来发生的较大及以上事故的调查分析发现，事故多发类型主要集中在模板支撑工程及脚手架坍塌、建筑起重机械倒塌事故、基坑坍塌事故以及高处坠落事故。以2013年全国较大及以上事故为例：在发生的25起事故中，模板支撑体系坍塌事故13起，死亡54人，分别占较大事故总起数和总人数的52.0%和52.9%；起重机械事故9起，死亡35人，分别占较大事故总数的36.0%和34.3%；其他坍塌事故2起，死亡10人，分别占较大事故总数的8.0%和9.8%；高处坠落事故1起，死亡3人，分别占较大事故总数的4.0%和2.9%。各类型事故分布见图1-2。

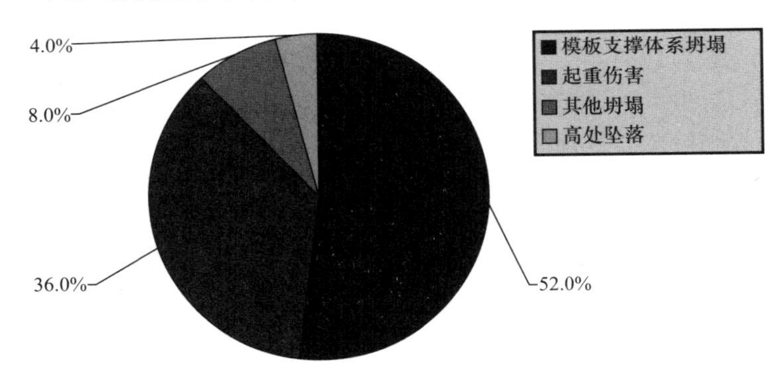

图1-2 2013年各类型较大及以上事故起数比例图

从上述数据可以看出，2013年发生的较大及以上生产安全事故中，模板支撑系统坍塌事故和建筑起重机械倒塌事故比例最高，事故起数为22起，占到了总数的88%；其次为其他坍塌事故、高处坠落事故。本书所选的事故类型与此相应，主要是模板支撑系统坍塌事故、建筑起重机械倒塌事故、基坑坍塌事故和高处坠落事故四种类型。

1.3 相关概念的界定

1.3.1 建筑业

按照传统的统计分类，建筑业主要包括建筑产品的生产（即施工）活动，因而是狭义的建筑业；广义的建筑业则涵盖了建筑产品的生产以及与建筑生产有关的所有服务内容，包括规划、勘察、设计、建筑材料及成品与半成品的生产、施工和安装，建成环境的运营、维护及管理，以及相关的咨询和中介服务等，这反映了建筑业真实的经济活动空间。

本书主要针对房屋和市政工程范围内的建筑施工安全生产活动，全面深入地探究事故发生原因，从而提出更为客观、系统的安全管理措施与对策。

1.3.2 建筑施工生产安全事故

传统上认为，事故是在生产和行动进程中突然发生的与人们愿望和意志相反的使上述进程停止或受到干扰的事件。事故的结果总是使上述进程停止或受到干扰，同时可能伴随着人体伤害和物质损坏。《职业安全健康卫生管理体系标准》将事故定义为造成死亡、职业相关病症、伤害、财产损失或其他损失的意外事件，其他还有很多关于事故的不同定义。

本书中的建筑施工生产安全事故定义为：在房屋建筑和市政基础设施工程施工过程中发生的，造成人身伤亡或者直接经济损失的生产安全事故。

1.3.3 生产安全事故等级

《生产安全事故报告和调查处理条例》（国务院令第493号）（2007年6月1日起施行）中规定，生产安全事故分为以下等级：

1）特别重大事故，是指造成30人以上死亡，或者100人以上重伤（包括急性工业中毒），或者1亿元以上直接经济损失的事故；

2）重大事故，是指造成10人以上30人以下死亡，或者50人以上100人以下重伤，或者5000万元以上1亿元以下直接经济损失的事故；

3）较大事故，是指造成3人以上10人以下死亡，或者10人以上50人以下重伤，或者1000万元以上5000万元以下直接经济损失的事故；

4）一般事故，是指造成3人以下死亡，或者10人以下重伤，或者1000万元以下直接经济损失的事故。

本书所选取的事故案例的事故等级均为较大及以上生产安全事故。在事故案例分析过程中，略去相关事故责任单位、责任人具体名称。

第2章　模板支撑系统及脚手架坍塌事故案例分析及预防措施

模板支撑系统及脚手架坍塌事故是建筑施工中极易引发群体伤亡的主要事故类型之一，尤其随着城市现代化的发展，结构复杂、跨度大、举架高的建筑越来越多。一些高度较高，采用钢管扣件式脚手架作为支撑体系的模板工程频频发生坍塌事故，造成重大的人身伤亡和财产损失。从近年来发生的较大及以上事故统计情况看，模板支撑工程及脚手架坍塌事故约占事故起数的70%，是目前我国建筑施工安全生产重点整治的事故类型。

2.1　模板支撑工程及脚手架坍塌事故案例介绍

2.1.1　案例一　湖南省株洲市"5·17"桥梁拆除工程坍塌事故（2009）

1. 事故简介

2009年5月17日16时24分，湖南省株洲市红旗路高架桥在机械拆除一个桥面时，发生8个桥墩、9跨桥面连续倒塌事故，造成9人死亡，16人受伤，24台车辆被压毁，3台车辆受损，直接经济损失968.6万元。

2009年5月17日13时30分，施工员安排液压机械破碎机操作员开始机械拆除作业，然后离开现场。当天专职安全员、监理员没有在机械拆除施工现场进行监管。工人根据安排，将液压机械破碎机从东侧开上高架桥停在110号至111号桥墩的桥面上，对109号至110号桥墩的桥面板进行斩断，斩断位置距110号桥墩1.4m处。先从桥中间分别向两边斩断混凝土桥面铺装，然后从东侧作业，由东向西，依次斩断6块空心板，空心板板顶受液压破碎机的敲击形成空洞，使得空心板丧失了顶板，导致此处基本成为预应力钢筋混凝土倒槽形薄板（板厚为底板厚），在空心板自重、桥面铺装等恒载和液压破碎机的冲击荷载作用下，在冲击点处空心板发生破坏，钢绞线拉断，东侧第一次整体掉下4块空心板。然后，液压破碎机移至西侧，从西向东敲击空心板，当斩断第三块时，全桥面余下的十二块空心板整体下落。当靠110号墩一侧的板端先坠落到地面，109号墩一侧的板端紧靠桥墩面从上往下滑落，在板的另一端坠地产生巨大冲击后，109号墩一侧的板端由于板长的原因受墩影响无法坠地，在桥墩侧面（距离墩顶约500～1000mm）撞击109号墩，产生的水平力导致109号墩偏中下部产生破坏，倒向108号墩方向。同样109号墩至108号墩桥孔的空心板板端在108号桥墩侧面撞击108号墩，导致108号墩破坏，从而形成"多米诺骨牌"效应，一直倒塌到101号墩。从而导致因通行不畅停在101号至106号间桥下的24台车辆被压毁、3台车辆受损和9人死亡、16人受伤。事故现场见图2-1、图2-2。

2. 事故原因

（1）直接原因

1）机械拆除时没有按照《建筑拆除工程安全技术规范》（JGJ 147—2004）和施工方

图 2-1　湖南省株洲市“5·17”桥梁拆除工程坍塌事故现场（一）

图 2-2　湖南省株洲市“5·17”桥梁拆除工程坍塌事故现场（二）

案施工，当液压机械破碎机斩断 109 号与 110 号桥墩的桥面（靠 110 号桥墩）时，因 12 块预制空心板同时坠地，导致 109 号桥墩被推倒，发生连续倒塌。

2）高架桥东侧硬质围挡防护不到位，使部分车辆阻停在 101 号～106 号墩之间的大桥下的行车道中，造成汽车被压毁、人员伤亡的事故。

（2）间接原因

1）高架桥存在技术和设计缺陷。株洲红旗路高架桥是 1995 年建成通车的，建桥采用的标准是 1985 年的《公路钢筋混凝土及预应力混凝土桥涵设计规范》（JTJ 023—85）（以下简称《桥涵规范》）。当时的《桥涵规范》没有对桥梁的连续倒塌提出设计原则，只有 2004 年的《桥涵规范》（JTG D62—2004）提出了在偶然极限状况下“一段时间内不发生连续倒塌”的强制规定。以竣工图为依据，相关检测检验表明，原设计配筋率不足、箍筋间距较大、箍筋设置形式不符合 1985 年《桥涵规范》要求。

2）施工单位的原因

① 管理上存在以下问题：一是允许无任何资质的某人以本公司的名义承揽工程，担任项目负责人；二是工程没有统一安全管理，安全的重心放在爆破拆除上，没有重视机械拆除方面的安全问题；三是安全保障投入不够，防护方案要求施工时要用硬质防护围挡进行全封闭，因为资金投入和思想上重视不够，导致高架桥东侧101号～106号桥墩间没有设置硬质围挡。

② 施工方没有进行安全教育培训，施工人员缺少相应安全知识。在拆除施工过程中，项目负责人、项目技术负责人一直未对项目部施工员、安全员、操作员等进行技术交底和安全培训工作，现场施工员、操作人员对施工方案内容不清，安全事项不明，导致拆除施工过程中，施工员指挥拆除方法与施工方案中的机械拆除方法不符。

③ 施工现场未按规定配备监测人员对被拆除建筑的结构状态进行监测。

3）监理方面的原因

监理公司未按规定配备与建设工程项目相适应的专业监理人员，未对施工方相关人员的任职资格进行查验，未认真审查施工组织设计中的安全技术措施或专项施工方案是否符合工程建设强制性标准。事故当天未旁站监理。

4）相关职能部门的原因

① 市建设局作为建设单位，在中标公示期未到、没签订施工合同、没办理施工许可相关备案的情况下，要求施工单位组织施工；对施工方制订的施工方案不符合国家有关规范且施工作业不按施工方案施工的行为，未及时发现、检查和制止；对红旗路高架桥爆破拆除工程的资质挂靠行为失察。

② 市交警支队组织制定株洲市交警支队拆除工作方案，对拆除施工可能引发的后果估计不足；没有严格执行红旗路高架桥拆除施工期间交通组织及维护工作方案，未督促有关部门和施工方将硬质围挡设置到位。

③ 市安监局在市政府明确对爆破拆除工程进行安全监督任务后，没有及时研究制定具体安全监管方案，没有积极配合和实施相应安全监管工作。

3. 事故处理

（1）对事故相关人员的处理意见

1）对施工单位总经理、副总经理、安监部负责人、施工部负责人、项目负责人、现场施工员、机械操作人员及监理单位项目总监、专业监理员，移送公安机关追究刑事责任。

2）对施工单位董事长、法人代表；监理单位董事长、总经理，给予党内严重警告处分；并处以相应的经济处罚。

3）对株洲市建设局党组书记、局长、总工程师，株洲市建设局信息工程办主任，即建设单位项目负责人，株洲市安监局纪检组长，株洲市交警支队党委书记、支队长，株洲市荷塘区交警大队大队长、副支队长、株洲市交警支队秩序科科长等人，分别给予行政撤职、行政记过、警告等处分。

（2）对事故单位的处理意见

1）施工单位、监理单位，对事故负有责任，处以相应的经济处罚，并由相关部门依法暂扣有关证照。

2）责成株洲市人民政府向湖南省人民政府写出深刻检查。

2.1.2 案例二 吉林省长春市“9·23”钢架结构坍塌事故（2009）

1. 事故简介

2009年9月23日8时10分许，吉林省长春某食品公司厂房在建设施工过程中，钢架结构突然发生坍塌，造成3人死亡、2人重伤。事故现场见图2-3。

图2-3 吉林省长春市“9·23”钢架结构坍塌事故现场

2. 事故原因

（1）直接原因

钢架结构的立柱安装后，未按施工工艺流程（工序）安装柱间支撑和墙面、屋面檩条。违规安装了屋面梁，并拆除了起稳固作用的缆绳；未按照规定对地脚螺栓进行终拧；高强度螺栓未采用力矩扳手而是采用梅花扳手安装，致使其受力不均。

（2）间接原因

1）施工单位安全管理不到位，在未履行招投标程序、未与建设单位签订正式施工合同、未按要求编制施工组织设计和钢结构厂房专项施工方案、未指派具备相关资格的安全技术人员到场的情况下，对工程主要负责人擅自组织施工的行为没有加以制止，也未采取相应补救措施。

2）未严格落实安全生产责任制度，未制定安全技术措施，施工前也未向施工作业人员详细说明安全施工的技术要求，未严格遵守安装前、安装过程中和安装后各工序间的质量、安全控制要求，违规任用不具备相应执业资格的自然人实际从事项目经理工作，且未按规定配备专职安全员，未对施工现场的管理人员和作业人员进行有效的安全教育培训，施工现场管理混乱。项目经理发现事故隐患，也未采取有效措施整改，而继续冒险指挥工人违章作业，最终导致事故发生。

3）建设单位在未履行招投标程序，没有取得施工许可证的情况下，授意施工单位进场施工作业，且未向建设主管部门进行安全登记，在施工过程中，不能督促施工单位及时消除事故隐患。

4）监理公司在实施监理过程中，未对施工组织设计和专项施工方案进行审查。项目总监未在施工现场履行总监职责，委托土建工程师代行其职，发现安全事故隐患未及时要求施工单位整改或暂时停止施工，也未及时向有关主管部门报告，未依照法律、法规和工程标准强制性条文实施监理。

3. 事故处理

（1）对事故相关人员的处理意见

1）施工班长、作业人员安全意识淡薄，由企业按照有关管理规定，对其进行处理。

2）对施工单位项目主要负责人，处以经济处罚，并由总公司依据企业内部管理规定，对其进行处理。

3）对施工单位法定代表人，由其上级主管部门依据相关规定处理。对施工单位副总经理，处以相应的经济处罚。

（2）对事故单位的处理意见

1）对施工单位，予以相应的经济处罚。

2）对建设单位、监理单位，由建设主管部门依法对其进行行政处罚。

3）对长春市高新区管委会，由长春市监察部门予以处理。

2.1.3 案例三 云南省昆明新机场“1·3”支架坍塌事故（2010）

1. 事故简介

2010年1月3日11时20分左右，云南省昆明新机场航站区停车楼及高架桥工程A-3合同段配套引桥F2-R-9至F2-R-10段在现浇箱梁过程中发生支架局部坍塌，造成7人死亡、8人重伤、26人轻伤，直接经济损失616.75万元。

2010年1月3日7时30分，昆明新机场工程项目部开始组织人员准备浇筑昆明新机场航站区停车楼及高架桥工程A-3合同段东引桥第三联（F2-R-9至F2-R-10段）。9时30分左右，由上而下开始进行现浇箱梁，计划整联混凝土浇筑量为1283m^3。当第三跨纵向浇筑了36m，顶板浇筑了10m，共浇筑混凝土283m^3、砂浆2m^3时，14时20分左右支架发生坍塌，造成现场管理及施工人员7人死亡、8人重伤、26人轻伤。坍塌长度38.5m、宽度13.2m，支撑高度最高点9m、最低点8.5m。

图2-4 云南省昆明新机场“1·3”支架坍塌事故现场（一）

图 2-5 云南省昆明新机场“1·3”支架坍塌事故现场（二）

2. 事故原因

（1）直接原因

1）模板支架架体构造有缺陷。

模板支架架体是一种受力状态比较复杂的承重结构，要承载来自上部和架体本身的垂直荷载、水平荷载和冲击荷载，技术规范对架体构造有严格要求。《建筑施工碗扣式钢管脚手架安全技术规范》（JGJ 166—2008）第 6.2.2 条规定“剪刀撑的斜杆与地面夹角应在 45°～60°之间，斜杆应每步与立杆扣接”，第 6.2.3 条规定“当模板支撑高度大于 4.8m 时，顶端和底部必须设置水平剪刀撑，中间水平剪刀撑设置间距应小于或等于 4.8m。”

现场调查证实，坍塌的模板支架高度已达 8m，按规范要求除顶端和底部必须设置水平剪刀撑外，中间最少应设置一道水平剪刀撑，而该施工现场的模板支架未设置任何水平剪刀撑。此外，第一跨（F2-R-7 至 F2-R-8）和第二跨（F2-R-8 至 F2-R-9）模板支架的纵向和横向剪刀撑的斜杆与地面夹角存在着小于 45°的现象，斜杆的搭接长度不足 1m，每步未与立杆扣接。

2）模板支架安装违反规范。

支架安装违反规范突出表现在作为杆件连接件的部分碗扣上：①下碗扣与钢管的焊缝未做条焊，而是点焊或脱焊；②上碗扣松动，用手可拧动；③上下碗扣未做咬合；④无限位销或限位销在止口外。

3）模板支架的钢管、碗扣存在质量问题。

《建筑施工碗扣式钢管脚手架安全技术规范》（JGJ 166—2008）第 3.5.2 条规定“碗扣式钢管脚手架钢管规格应为 ϕ48mm×3.5mm，钢管壁厚应为 3.5-0.025mm。”该工程的模板支架施工技术方案的计算书是按照 ϕ48mm×3.5mm 的钢管规格进行验算的。

从坍塌事故现场取样 19 组的抽查结果看，钢管壁厚最厚处为 3.35mm，最薄处为 2.79mm，管壁平均厚度还不足 3.0mm，测试结论为管壁厚度全部不合格，断后延伸率和压扁试验有 7 组不合格，占 37%。由于钢管壁厚偏薄，受力杆件的强度和刚度必然降低，难以达到技术方案中 ϕ48mm×3.5mm 计算的整体稳定性。

《建筑施工碗扣式钢管脚手架安全技术规范》(JGJ 166—2008) 第 3.3.10 条规定“横杆接头剪切强度不应小于 50kN”。现场取样 3 组横杆接头作拉伸试验，试验结果接头断裂荷载分别为 18.06kN，53.61kN，20.94kN，有两组不合格，平均值为 30.87kN，剪切强度仅达到规范要求的 62%。

4) 浇筑方式违反规范规定。

《建筑施工模板安全技术规范》(JGJ 162—2008) 第 5.1.2 条“混凝土梁的施工应采用从跨中向两端对称进行分层浇筑，每层厚度不得大于 400mm。”调查中证实，1 月 3 日发生事故当天，作业班组为方便冲洗模板的灰尘，采用了从箱梁高处向低处浇筑的方式，违反了规范的规定。加之该段箱梁本身桥面高差 1.386m，有 3.6%的坡度。人为地增大了混凝土向下流动及振捣混凝土时产生的水平推力，致使处于疲劳极限的支撑架体不堪重负。

(2) 间接原因

1) 支架及模板施工专项方案有缺陷。

2009 年 7 月，项目部副总工在编制《昆明新机场航站区停车楼及高架桥工程 (A-3 合同段) 施工总承包 (引桥部分) 支架及模板施工专项方案》时，依据的技术规范为《建筑施工扣件式钢管脚手架安全技术规范》(JGJ 130—2001)，与现场实际支架构造形式适用的技术规范《建筑施工碗扣式钢管脚手架安全技术规范》(JGJ 166—2008) 不一致；而该方案在审核、审批、专家论证以及监理审查和审核环节，公司总工程师、专家以及监理单位专业监理工程师、项目副总监等有关人员均不知道 7 月 1 日施行的《建筑施工碗扣式钢管脚手架安全技术规范》(JGJ 166—2008)，未发现编制依据引用错误的问题；在 2009 年 10 月 22 日召开的专家论证会上，五位专家还提出了“超过 10m 高的支架，须在支架底部、顶部搭设水平剪刀撑”的错误意见；监理方在审查、审核时，还提请施工方严格遵照专家审核意见组织施工；致使该方案存在缺陷，导致了施工现场模板支架在搭设过程中未设置任何水平剪刀撑。

2) 发现支架搭设不规范未及时进行整改。

经调查，从工程项目部 2009 年 5 月至 12 月会议纪要，2009 年 12 月 1 日至 2010 年 1 月 2 日安全检查记录及监理项目部 2009 年 10 月 2 日至 12 月 30 日监理月报及周报中发现，监理方、施工方多次检查发现支架搭设不符合规范的问题，要求进行整改，但监理方、施工方未认真进行督促整改。

3) 未认真履行支架验收程序。

施工单位的《现浇箱梁支架搭设交底》中规定：“对不合格和有缺陷的杆件一律不得使用，支架搭完后，对各个碗扣和扣件重新检查一遍并打紧；在浇筑混凝土前还要进行一次全面检查，包括上下托及碗扣和扣件，不得有漏打的现象，再通过监理和项目部技术人员检查合格后，方可进行下道工序。”事故调查组对第一跨 (F2-R-7 至 F2-R-8) 和第二跨 (F2-R-8 至 F2-R-9) 的模板支架进行检查，发现支架的斜杆搭设角度有的不符合规范要求，部分未做到每步与立杆扣接。还存在碗扣松动未锁紧，无上碗扣、止动销等问题。支架搭设完成后，监理单位未认真履行验收程序。

4) 未对进入现场的脚手架及扣件进行检查与验收。

《建筑施工碗扣式钢管脚手架安全技术规范》(JGJ 166—2008) 第 8.0.2 条规定“构配件进场应重点检查以下部位质量：钢管壁厚、焊接质量、外观质量。”经调查，该工地所使用的脚手架及扣件没有相应的合格证明材料。材料进入施工现场时，监理单位未按照规范要求进行严格检查与验收。

5）安全管理不到位、技术及管理人员配备不到位、安全责任落实不到位。

施工单位新机场工程项目经理、项目总工均为助理工程师，不具备所担任职务的资格，且项目部管理人员大多为近年毕业的大学生，管理技术力量薄弱；按照《建筑施工企业安全生产管理机构设置及专职安全生产管理人员配备办法》（建质〔2008〕91号）文件的规定：该项目部应配3名以上专职安全员，但实际只有1名；项目部副经理未对劳务人员的持证情况严格审查把关，致使劳务公司存在无证人员从事特种作业的问题；部分管理人员对《建筑施工碗扣式钢管脚手架安全技术规范》（JGJ 166—2008）和施工方案等相关规范不熟悉，仅凭经验检查、管理。

建设监理公司新机场建设工程监理管理部总监未认真组织监理人员对《建筑施工碗扣式钢管脚手架安全技术规范》（JGJ 166—2008）和新的施工方案等进行学习和安全教育及培训，导致监理人员业务不熟。

昆明新机场建设指挥部在项目建设过程中，对施工方、监理方进场人员监督检查不够，未能督促施工方、监理方按照合同承诺提供相应的技术及管理人员，从而出现施工单位部分工程技术人员资格达不到要求、监理公司现场监理人员配备不够的情况；未认真督促施工单位、监理单位做好施工现场的安全生产工作，航站部工程处在日常的安全巡查中，对发现的事故隐患未认真督促施工单位及时整改。

劳务公司未取得建筑业企业资质证书和建筑施工企业安全生产许可证；未建立健全安全生产规章制度和岗位安全操作规程，未设置安全生产管理机构，安全教育培训未落实；大部分架子工未持证上岗。

建设公司作为联合体主体单位，未认真履行《联合体协议书》。

3. 事故处理

（1）对事故相关人员的处理意见

1）对项目部副经理、项目部技术负责人、监理企业专业监理工程师、劳务分包单位技术负责人、工长，移送司法机关处理。

2）对项目部质量安全科负责人、现场工长、安全员，由所在单位给予开除、行政记大过等处分。

3）对施工单位法定代表人、总经理、副总经理、项目部经理、监理单位法定代表人，给予相应的行政处分，并处以相应的经济处罚。

4）对施工方总工程师兼项目部总工程师，由所在单位给予其降级或撤销职务等处分；同时按照企业管理的有关规章制度给予其一定的经济处罚。

5）对监理单位副总经理兼监理管理部经理、项目总监理工程师、副总监理工程师、专业监理工程师，由昆明市住房和城乡建设局责令其停止执业，同时由所在单位撤销其相关职务。

6）对云南省昆明新机场建设指挥部副指挥长兼航站区工程部部长、副部长及相关管理人员，质量安全监督部部长，由其任命机关给予其相应的行政处分。

（2）对事故单位的处理意见

1）对工程联合体单位、施工单位、监理单位，予以相应的经济处罚。建设单位及施工单位上级主管公司，向省政府作出书面检查。

2）对劳务公司，予以相应的经济处罚，同时将其清除出云南省建筑市场。

2.1.4 案例四 深圳市南山区“3·13”防护棚坍塌事故（2010）

1. 事故简介

2010年3月13日15时27分，深圳市南山区南山街道的汉京峰景苑工程2栋3号楼发生一宗防护棚局部坍塌事故，造成9人死亡，1人受伤。

2010年3月13日，施工领班根据项目部要求安排第23层防护棚防护板铺设工作。15时27分，塔吊将一捆重约640kg防护板吊运至第23层南侧外挑防护棚上，在解钩过程中，塔吊司机按照指挥的指令起钩，整捆防护板倾倒，斜拉钢管受拉扣件滑脱，外挑防护棚两根斜拉钢丝绳搭接接头随着拉脱而造成防护棚局部坍塌（面积约85m^2），导致防护棚上10人坠落，其中9人坠落至地下室顶板上，当场死亡，另有一人在坠落时被抛至19楼阳台造成重伤。事故现场见图2-6、图2-7。

图2-6 深圳市南山区“3·13”防护棚坍塌事故现场（一）

图2-7 深圳市南山区“3·13”防护棚坍塌事故现场（二）

2. 事故原因

（1）直接原因

1）外挑防护棚上荷载过于局部集中。

作业人员将铺设外挑防护棚用的一捆重约 640kg 的防护板直接吊放在外挑防护棚上，将外挑防护棚当作卸料平台用。同时外挑防护棚上的人员过多。另外，防护棚又增加了整捆防护板倾倒的冲击荷载。

2）坍塌部位受拉滑脱的两根斜拉钢丝绳均是利用旧的短钢丝绳经两个钢丝绳夹紧接长，连接方法不符合国家标准《钢丝绳夹》（GB/T 5976—2006）和行业标准《建筑机械使用安全技术规程》（JGJ 33—2001）的要求，在局部集中荷载作用下斜拉钢丝绳搭接接头受拉滑脱。

3）外挑防护棚搭设未按方案施工。方案设计防护棚的斜拉钢丝绳和抗风斜拉钢管水平间距为 3m，而坍塌部位的钢丝绳和抗风斜拉钢管实际间距分别为 6m、6.4m、5.3m。由于增加了每跨的承载面积，从而增加了钢丝绳的负荷。

4）外挑防护棚上的 12 名作业人员全部未系安全带，致使在防护棚坍塌时，作业人员全部坠落。

（2）间接原因

1）该实业公司未能按规定保障措施费的投入。

在施工合同中，没有单列措施费；措施费按综合费率取费后与工程预算价一起下浮降低；措施费没有按规定支付。

2）建筑公司安全责任制不落实，项目部现场安全管理混乱。

① 现场安全管理人员缺失。一是 2010 年 1 月份，安全员调离项目部后没有安排人员接替其工作，造成防护棚高空作业安全管理缺位；二是租赁站未配备专职安全员，对派往该工程的塔吊司机未进行有效管理。

② 分包管理混乱。一是劳务分包管理混乱，对进场作业人员缺乏管理，多名普工为当天进场直接上岗作业；二是工程分包管理混乱，允许将脚手架分项工程非法发包给自然人。

③ 现场安全管理混乱。一是对防护棚钢管主骨架未按方案搭设、违反强制性标准，形成危及作业人员的事故隐患，未及时发现并纠正；二是对监理公司发出的安全整改要求未积极落实；三是在铺设防护板时，塔吊指挥、司机违规直接将整捆防护板吊放到防护棚上，造成荷载集中。

④ 特种作业人员管理不到位。一是对搭设防护棚的架子工持证上岗情况未进行有效核实，至今未能提供三名架子工的特种作业操作证；二是对塔吊司机长期无证上岗情况未进行有效管理。

⑤ 作业人员安全教育培训不到位。

3）允许挂靠，非法发包，现场安全管理失控。

4）监理公司及项目监理机构安全监理工作不到位。

① 项目监理机构未按相关法律法规、规范和本单位管理规定，切实履行安全监理职责，对于发现的安全隐患虽有责令施工单位整改，但逾期未改正时，未责令暂停施工，未向主管部门报告。

② 对第23层防护棚搭设作业未旁站监理，事后补做、伪造旁站记录，安全旁站监理制度形同虚设，导致事发当天安全监理缺位。

③ 安全巡查不到位，对第23层防护棚搭设作业中未按方案施工及违反强制性标准，形成危及作业人员的事故隐患未及时发现并消除，安全监理失职。

④ 对项目部专职安全管理人员、特种作业人员配备及持证上岗情况核查不力。

⑤ 监理公司未能切实执行内部管理规定，未对该项目监理机构的安全监理工作进行认真检查；对项目监理机构安全旁站监理、安全巡查等制度执行中存在的问题失察，未及时责令改正。

5）区建设行政主管部门监督管理不力。

① 该区安监站及其工作人员工作失职，监督、检查不力，未能发现和消除项目存在的安全隐患。

② 区安监站监督人员存在违反廉洁自律问题。

③ 区建设局建筑管理科指导、督促不力。

④ 区建设局监管不力、工作失察。

3. 事故处理

（1）对事故相关人员的处理意见

1）项目经理、项目执行经理（副经理）、项目部安全主任、架子班班组长、项目部塔吊班班长、事发当班塔吊司机，由司法机关追究刑事责任，并撤销相关人员的安全管理人员安全生产考核合格证书及特种作业操作证书和执业资格证书。

2）施工总包单位法人代表、总经理、副总经理兼深圳分公司经理、分公司副经理兼安全总监，由市建设主管部门给予有关规定处以相应的经济处罚。

3）监理单位项目总监、项目安全监理员，由司法机关追究刑事责任，并由市建设主管部门撤销其执业资格证书和监理员岗位证书。

4）南山区安监站副站长兼监督二组组长给予党内严重警告、行政撤职处分。副站长兼监督一组组长，给予党内严重警告、行政降级处分。安监站站长，给予行政记大过处分。

（2）对事故单位的处理意见

1）对施工单位、劳务企业，暂扣其建筑业企业资质证书和安全生产许可证，并处以相应的经济处罚。

2）对监理单位，由市建设主管部门暂扣其资质证书4个月，并处以相应的经济处罚。

3）对建设单位，由市地税部门对该公司在本项目中的阴阳合同是否存在偷税漏税的情况进行调查，并处以相应的经济处罚。

4）政府监管部门责令南山区安监站对存在的问题做出整改，向南山区建设局做出书面检查。

责令南山区建设局对存在的问题做出整改，向南山区人民政府做出书面检查。

2.1.5 案例五 贵州省贵阳市“3·14”模板坍塌事故（2010）

1. 事故简介

2010年3月14日，贵州省贵阳国际会展中心发生一起模板支撑体系局部坍塌事故，造成9人死亡，1人重伤。

2010年3月12日晚8时，施工方劳务队开始浇筑B2与C2展厅之间室外平台（A2-24～A2-38）×（A2-V～A2-W）区域梁、板、柱混凝土。3月13日，现场增加一台输送泵，两台泵车同时对梁、板、柱进行浇筑。14日上午8时许，在浇筑（A2-32～A2-38）段时，模板支撑系统振动较大，并发现现场柱体出现爆模，施工单位安排3名木工对爆模部位进行加固，另有2人收集爆模漏出的混凝土料，泥工班继续浇筑。11时30分，（A2-32～A2-38）段模板支撑体系发生坍塌，坍塌面积约为480m^2，坍塌混凝土量约105m^3。坍塌方式为中间向下爆陷，两边支撑架体及模板钢筋向中间部位倾斜覆盖。当时现场在模板上浇筑混凝土的工人有混凝土公司和劳务队的人员，支撑架体下面有正在对爆模部位进行加固的木工班人员。事故共造成9人死亡，1人重伤。事故现场见图2-8、图2-9。

图2-8　贵州省贵阳市“3·14”模板坍塌事故现场

图2-9　贵州省贵阳市“3·14”模板坍塌事故中的支撑体系

2. 事故原因

（1）直接原因

1）现场搭设的模板支撑体系未按照专项方案进行搭设，立杆和横杆间距、步距等不满足要求、扫地杆设置严重不足、水平垂直剪刀撑设置过少。

2）混凝土浇筑方式违反高支模专项施工方案的要求：施工工艺没有按照先浇筑柱，后浇筑梁板的顺序进行，而是采取了同时浇筑的方式。

（2）间接原因

1）施工单位安全生产管理制度不落实、施工现场安全生产管理混乱、盲目赶抢工期、施工人员违规违章作业。

2）监理公司对施工单位梁板柱同时浇筑的违规作业行为，未能及时发现并制止；对施工单位逾期未整改安全隐患的情况没有及时向建设单位报告。

3）混凝土公司安全教育、安全技术交底不到位，混凝土输送管未单独架设，从内架穿过与架体联为一体，致使高支模荷载增加。

4）劳务公司将公司资质证照违规转借给无资质的劳务队伍。

3. 事故处理

（1）对事故相关人员的处理意见

1）对项目经理、项目部生产经理、项目部技术负责人，给予撤职处分，由市住房和城乡建设局提请发证部门撤销其与安全生产有关的执业资格、岗位证书，并处相应的经济处罚。

2）对项目安全部负责人、项目部安全员、质检员给予行政处分，并由市住房和城乡建设局提请发证部门撤销其与安全生产有关的执业资格、岗位证书，并处相应的经济处罚。

3）对劳务队总负责人、现场负责人、事故工区工段长等人员，移送司法机关处理。

4）对施工总包单位总经理、副总经理、总工程师，给予记过处分，并处相应的经济处罚。

5）对混凝土公司常务副总，处以相应的经济处罚。生产调度经理，给予撤职处分，并处相应的经济处罚。

6）对监理单位分公司总经理、项目总监、项目安全监理组组长、现场安全监理员，处以相应的经济处罚。

7）对市建筑管理处金阳工作站站长、安监组组长、安全监管员，给予相应的行政处分。

（2）对事故单位的处理意见

1）施工总包单位对事故的发生负有责任，由市住房和城乡建设局提请发证部门给予降低企业资质处罚，并处相应的经济处罚。

2）对混凝土公司、监理公司处以相应的经济处罚。

3）对劳务公司，由市住房和城乡建设局提请发证部门给予降低企业资质的行政处罚。

4）对贵阳市住房和城乡建设局建筑管理处，由市政府对其进行全市通报批评，并责成其向市政府写出检查。

2.1.6 案例六 四川省成都市“3·29”学生宿舍楼支架坍塌事故（2010）

1. 事故简介

2010年3月29日12点38分，四川农大温江校区3号楼学生宿舍在建工地发生支架坍塌事故，造成3人死亡，3人重伤，1人轻伤，直接经济损失300余万元。

2010年3月29日，四川农大学生宿舍楼项目部根据施工进度，准备3号楼6层花架混凝土浇筑，混凝土强度等级为C30，采用商品混凝土及混凝土泵车输送。9时30分许，项目工区长、劳务公司工长和监理公司几个管理人员上到6楼开始检验钢筋，发现支模架搭设不符合规范要求，就立即要求混凝土工停止作业并安排木工班进行加固，陆续有3名木工上楼开始加固支模架。在项目工区长等现场管理人员的制止下，工人暂停了混凝土浇筑。停工一会儿后，在木工工人、混凝土班班长提出“早点干完，早点下班”的倡议下，工人们继续混凝土浇筑作业。管理人员见难以制止，便又安排3名木工前来增援加固工作。施工中，靠屋顶外侧的梁出现爆模，于是5名木工都到梁上去加固模板。至11时58分，项目部共签收商品混凝土7车，每车方量9.5m^3，共计66.5m^3（拟浇筑混凝土71m^3）。12时许，管理人员陆续离开现场，趁混凝土没来的机会，混凝土班的大多数工人也下楼就餐。施工现场留下混凝土班长在梁上振捣混凝土，2名施工工人在抹面，6名木工加固梁模板。12时38分，支模架中部突然发生坍塌，架子上的两人顺手抓住钢管，其余7人随倒塌的架子坠落至地面。事故现场见图2-10。

图2-10 四川省成都市“3·29”学生宿舍楼支架坍塌事故现场

2. 事故原因

（1）直接原因

劳务公司混凝土工违章作业，盲目蛮干，违章浇筑混凝土；3号楼屋面花架钢筋混凝土构架搭设混乱，不符合规范和施工组织设计方案要求，致使整个支模系统在混凝土浇筑时失稳坍塌，是造成这起事故的直接原因。

（2）间接原因

1）施工单位项目管理不严格，施工组织不合理，混凝土浇筑施工前未对3号楼屋面花架钢筋混凝土构架支撑系统进行验算和检查验收；对劳务队伍违章浇筑混凝土的行为未采取果断措施予以制止；对民工的安全教育和技术交底组织不严密；备案项目经理不到岗，且执行经理不具备相应资格，是这起事故发生的主要间接原因。

2）监理单位施工现场监管不严格，对3号楼屋面花架钢筋混凝土构架支撑系统检查验收不严密；未按监理合同配备足额的监理人员，无证监理人员从事工程监理工作，是这起事故发生的重要间接原因。

3）区建设局对该项目工程监督检查不到位，是这起事故发生的次要间接原因。

3. 事故处理

（1）对事故相关人员的处理意见

1）对施工单位副总经理、事故项目备案项目经理、项目部执行经理、项目部工区主任（责任工长），给予行政记过处分；并处以相应的经济处罚。同时对项目经理停止在成都市1年的执业资格，对其不良行为记录扣分。

2）对劳务公司法人、经理、项目负责人，处以相应的经济处罚。

3）对监理单位项目总监，处以相应的经济处罚，并停止在成都市6个月的执业资格，对其不良行为记录扣分。

（2）对事故单位的处理意见

1）对施工总包单位、劳务分包公司，处以相应的经济处罚，并停止在成都市6个月的执业资格，对其不良行为记录扣分。

2）对监理单位，处以相应的经济处罚，并由省住房和城乡建设厅给予停业整顿的处罚。

3）对温江区建设局，向区政府作出书面检查。

2.1.7 案例七 四川省成都市“4·15”砖胎模坍塌事故（2010）

1. 事故简介

2010年4月15日21时57分，位于四川省成都市高新区新天府广场天堂岛海洋乐园东区一在建工地发生砖胎模坍塌事故，造成3人死亡，1人重伤，5人轻伤，直接经济损失350余万元。

4月15日上午8时许，海洋乐园东区（2区）砌筑已达7天的2#-DJ6柱基内部砖胎模支撑被拆除，施工人员在砖胎模四周铺设一层细砂，观察砖胎模的变形情况，到晚上19时观察未见异常情况。19时30分许，劳务公司人工捡底班的施工人员开始捡底作业（事故基坑内为9人）。同时项目部安排塔吊配合提土。20时许，塔吊放下的空吊篮（长宽高为1560mm×880mm×830mm，用ϕ25钢筋焊成，重220kg）与砖胎模发生碰挂，21时许，空吊篮又一次与砖胎模发生碰挂，现场管理人员立即对砖胎膜进行检查，未发现异常。21时57分，砖胎模墙体突然坍塌，将9名作业人员全部掩埋。

2. 事故原因

（1）直接原因

劳务公司未按《施工组织设计方案》规定程序，擅自拆除砖胎模内支撑，致使砖胎模抗倾覆安全度储备达不到规范要求，在吊篮碰挂等外力挠动下砖胎模侧壁变形积累超出极限状态，是造成这起事故的直接原因。

（2）间接原因

1）施工单位施工现场管理不严格，施工组织不严密，发现劳务公司未按《施工组织设计方案》规定程序拆除砖胎模内支撑后未采取切实有效措施予以制止，是造成这起事故的主要间接原因。

2）监理公司对施工现场监理不力，巡查时未发现劳务公司未按《施工组织设计方案》拆除砖胎模内支撑，是造成这起事故的重要间接原因。

3）塔吊指挥不当，在配合提土过程中空吊篮两次碰挂砖胎模，致使基坑砖胎模砌体整体性降低，抗倾能力下降，是造成这起事故的次要间接原因。

3. 事故处理

（1）对事故相关人员的处理意见

1）对施工单位项目经理，处以相应的经济处罚，并停止其在该市 1 年执业资格，对其不良行为记录扣分。

2）对劳务公司法人代表、项目执行经理，处以相应的经济处罚。

3）对塔吊指挥，由所在单位予以开除。

4）对项目总监，处以相应的经济处罚，并停止其在该市 6 个月执业资格，对其不良行为记录扣分。

（2）对事故单位的处理意见

1）对施工总包单位处以相应的经济处罚，并停止其在该市 3 个月投标资格，对其不良行为记录扣分。

2）对劳务公司处以相应的经济处罚，并停止其在该市 6 个月投标资格，对其不良行为记录扣分。

3）对监理单位，处以相应的经济处罚，并报请省住房和城乡建设厅给予其停业整顿的处罚。

4）对高新区规划建设局，由其向高新区管委会作出检查。

2.1.8 案例八 广东省广州市“5·8”桥廊坍塌事故（2010）

1. 事故简介

2010 年 5 月 8 日 22 时 30 分左右，广东省广州市天河区某商场购物中心二期工程 A1 区在建楼房发生一起桥廊坍塌事故，造成 4 人死亡，1 人重伤，3 人轻伤，直接经济损失 222 万元。

2010 年 5 月 7 日早，施工人员在事故楼面上（A1 区）开始绑扎钢筋。5 月 8 日下午 15 时许，施工人员被告知：甲方要求晚上浇筑混凝土。有一个施工员便到 A1 区工作面上检查：发现钢筋未绑扎好。下午 17 时左右，监理工程师打电话给施工员，称屋面钢筋绑扎不符合要求。下午 18 时许，4 名施工员一起到 A1 区屋面验钢筋，到 19 时许，仍有部分钢筋不合格（其中包括事故中坍塌的桥廊钢筋也未扎好）。之后施工员便相约离开施工现场外出吃饭，准备饭后再回来验钢筋。约 20 时 50 分，4 人回到施工现场，从 A1 区南侧上到屋面，沿桥廊向北侧屋面边走边看屋面钢筋捆扎情况。据两名施工员反映，当时见到屋面钢筋已捆扎好。晚上 21 时施工单位的混凝土车到达施工现场。这时施工员被告知钢筋已经验收好了，于是组织工人开始浇筑混凝土。22 时 30 分，当浇筑到第六车混凝土时，超高支模（桥廊）部分（高 16m 多）发生坍塌，工作面上正在进行施工作业的 8 名工人随坍塌的支模坠落地面，其中 4 人死亡，4 人受伤。现场情景见图 2-11、图 2-12。

图 2-11　广东省广州市“5·8”桥廊坍塌事故现场

图 2-12　模板支架情况

2. 事故原因

（1）直接原因

1）高大模板支撑体系存在结构性的重大事故隐患。

施工单位违反了《建筑施工模板安全技术规范》（JGJ 162—2008）第 6.1.3 条关于“支撑体系模板应具备足够的承载能力、刚度和稳定性，应能可靠承受新浇混凝土自重和侧压力以及施工过程中所产生的荷载”的规定，擅自在高大模板的支架底部、纵向长度的中间，搭设了一道贯通东西方向的宽 4m、高 4.5m 的行车通道，严重影响支撑立柱及节点受力强度、刚度，致使支撑体系的杆件与支撑点的受力超过其承载力。

2）高大模板支撑体系存在其他严重缺陷。

① 支架立柱底部未按《建筑施工模板安全技术规范》（JGJ 162—2008）第6.2.4条的规定，设置配套底座及垫板；

② 立柱支撑未按《建筑施工模板安全技术规范》（JGJ 162—2008）第6.1.9条的规定，搭设扫地杆；

③ 抽样测量支架的部分水平拉杆步距大于本工程项目模板工程专项方案规定的1500mm。

3）模板支撑体系的水平拉杆安装违反《建筑施工模板安全技术规范》（JGJ 162—2008）第6.1.9条关于“所有水平拉杆的端部均应与四周建筑物顶紧顶牢”的规定，没有与周边已施工的建筑结构顶紧顶牢，导致高支模支撑体系受荷载破坏后失稳，造成瞬间坍塌。

（2）间接原因

1）建设单位违法直接指定土建工程施工单位，未能及时制止违法施工行为。

① 村民委员会作为项目建设单位，违反《中华人民共和国安全生产法》第四十一条的规定，对承包单位的安全生产工作监督管理不力，未能及时制止违法施工行为。

② 某企业作为合作建设单位，违反《房屋建筑和市政基础设施工程施工分包管理办法》（建设部令第124号）第七条的规定，在未与中标单位签订承包协议的情况下，直接将项目发包给以某建筑公司名义承揽工程的私人包工队；违反《中华人民共和国建筑法》第七条的规定，在未领取施工许可证的情况下授意私人包工队进行了土建工程施工；在日常安全管理中直接与现场私人施工队伍联系，严重削弱了总包单位对工程项目管理的权力，致使总包安全管理缺位，工地管理混乱，违法施工行为未能得到及时制止。

2）施工单位层层违法分包、层层转包，违章实施高大模板工程。

① 施工总包单位下属第一分公司：其作为实际执行总承包单位责任进行工程管理和建设的单位，违反《建设工程安全生产管理条例》第二十一条第一款的规定，未能健全和落实安全生产教育培训制度，致使现场施工人员特别是架子工无证上岗作业；违反《建设工程安全生产管理条例》第二十一条第二款的规定，未落实安全生产责任制和《建筑施工模板安全技术规范》，项目经理长期不参与管理，项目副经理无相关执业资格；违反《建设工程安全生产管理条例》第二十六条和《关于印发〈危险性较大的分部分项工程安全管理办法〉的通知（建质［2009］87号）》第五条的规定，未组织专家对高大模板工程专项方案进行论证；对建设工程安全监督机构提出的“模板支顶未按高支模方案搭设，未办理验收手续，中庭部分高支模高度超8m，应马上组织专家对施工专项方案进行审查，未经审查不得施工”的整改意见重视不够；违反《建设工程安全生产管理条例》第二十三条的规定，现场专职安全生产管理人员未采取有效措施制止高大模板工程的违章操作行为。

② 施工总包单位（总公司）：其作为工程总承包单位未能尽到总承包单位的安全生产管理职责，违反《建设工程质量管理条例》第二十五条的规定，将二期部分主体工程违法分包给以乙建筑总公司名义承揽工程的某私人包工队；对下属单位第一建筑工程分公司的安全生产工作监督管理不力，未能及时检查和督促工程项目部落实安全生产管理责任，未能及时研究解决施工现场存在的管理混乱、层层违法分包等重大问题，导致施工现场存在的重大事故隐患得不到消除。

③ 合同分包单位：其作为出借资质单位，违反《建设工程质量管理条例》第二十五条第二款的规定，允许私人包工队负责人以本单位的名义承揽工程。

④ 私人包工队 A：其作为实际施工单位，违反了《建设工程质量管理条例》第二十五条第一款的规定，明知自己不具备相应能力和资质承接工程项目，违法挂靠乙建筑工程总公司进行承揽工程；违反《建设工程安全生产管理条例》第二十一条、第二十五条的规定，未落实安全生产规章制度，使用没有经过培训教育的作业人员，使用无特种作业操作资格证的人员（架子工）；违反《关于印发〈建设工程高大模板支撑系统施工安全监督管理导则〉的通知（建质［2009］254 号）》第 4.4.1 条的规定，在未签署混凝土浇筑令的情况下，组织浇筑混凝土；不服从总承包单位的管理，在未落实监理单位整改意见的情况下，无视建设工程安全监督机构提出的现场安全隐患整改要求，组织作业人员野蛮施工。

⑤ 私人劳务包工队 B：其作为劳务施工单位，违反《建设工程质量管理条例》第二十五条第一款的规定，明知自己不具备相应能力和建筑资质而非法承揽建设工程；违反《建设工程安全生产管理条例》第二十五条的规定，使用无特种作业操作资格证的人员（架子工），导致搭设的高大模板支撑体系存在严重缺陷；违反《建设工程质量管理条例》第三十七条第二款和《关于印发〈建设工程高大模板支撑系统施工安全监督管理导则〉的通知（建质［2009］254 号）》第 3.3 条的规定，未经监理工程师签字、未经组织验收高大模板支撑系统，即组织了后续的浇筑混凝土工序施工。

3）监理单位：违法违规实施监理，未能有效制止野蛮施工行为，违反《建设工程安全生产管理条例》第二十六条和《关于印发〈危险性较大的分部分项工程安全管理办法〉的通知（建质［2009］87 号）》第五条的规定，在施工方未组织专家对高大模板工程专项方案进行论证的情况下，即在《单位工程施工组织设计、施工方案》上签字实施；违反《建设工程质量管理条例》第三十七条第二款、《关于印发〈危险性较大的分部分项工程安全管理办法〉的通知（建质［2009］87 号）》第十七条和《关于印发〈建设工程高大模板支撑系统施工安全监督管理导则〉的通知（建质［2009］254 号）》第 3.3 条的规定，未经监理工程师签字、未经组织验收高大模板支撑系统，即同意进入了下一道绑扎钢筋和浇筑混凝土工序施工；违反《建设工程安全生产管理条例》第十四条的规定，在高大模板支撑系统长期存在重大事故隐患，以及施工单位拒不对区建设工程质量安全监督站提出关于超高支模要进行整改的情况下，未能制止违法违规施工行为，并及时报告建设行政主管部门；违反《关于印发〈建设工程高大模板支撑系统施工安全监督管理导则〉的通知（建质［2009］254 号）》第 4.4.1 条和第 4.4.3 条的规定，未签署混凝土浇筑令即同意浇筑混凝土，也未能及时纠正事故当晚浇筑过程没有专人对高大模板支撑系统进行监测的违规行为。

4）区质量安全监督站：不认真履行职责，对工程监管不严。区质量安全监督站向商场二期项目派出了监督员。但 3 名监督员工作严重不负责任，对工地超高支模长期存在重大事故隐患未采取有效措施予以消除，对本起事故的发生负有失职责任。在事故发生后，为逃避责任追究，于 5 月 11 日到事故现场与监理公司、施工单位等补签了《建设工程安全隐患整改报告书》的相关内容。

综上所述，本起事故的主要原因是：建设单位违法建设，施工单位层层违法分包，实施施工的单位不服从总承包单位的管理，施工过程违反技术规范，施工现场安全管理混乱，安全生产监管不力。

3. 事故处理

（1）对事故相关人员的处理意见

1）对项目副经理、私人包工队负责人、工程技术负责人、现场监理工程师，移交司法机关依法追究刑事责任。

2）对于分包单位总经理、项目经理、项目部主任，由所在单位按管理权限给予其撤职处分。

3）对施工总包单位副总经理、分公司经理、分公司副经理，给予相应的经济处罚及行政记过处分。

4）对项目总监、现场监理工程师，由广州市城乡建设委员会提请发证机关吊销其执业资格证书，5 年内不得注册。

5）对区建设工程质量安全监督站负责该项目的两名质量安全监督员，由广州市检察院立案侦查后决定。

6）对区建设工程质量安全监督站负责该工程项目质量安全监督组组长，由天河区纪检监察机关给予其行政记大过处分，由天河区建设和水务局免去其组长职务。

7）对区建设工程质量安全监督站分管施工质量和安全科工作的领导，由天河区纪检监察机关对其给予行政记过处分。

8）对区建设工程质量安全监督站站长，责成其向天河区建设和水务局作出深刻检查，并组织完善站内的管理制度，加强对施工安全质量监管。

（2）对事故单位的处理意见

1）对建设单位，由天河区安全生产监督管理局责令其限期改正，并处相应的经济处罚。

2）对项目合作建设单位，由天河区建设和水务局责成其改正违法行为，并根据公司的管理制度对本公司有关责任人进行处分。

3）对施工总承包单位、下属第一分公司、分包单位，由相关部门给予相应的经济处罚。同时对工程总承包单位，责成集团领导班子向市人民政府作深刻检查，并由广东省建设厅对其《建筑施工企业安全生产许可证》实施暂扣。对分包单位由高州市建设行政主管部门责令其停业整顿。

4）对监理单位，由天河区建设和水务局对其责令停业整顿，并处相应的经济处罚。

2.1.9 案例九 江苏省无锡市“8·30”脚手架坍塌事故（2010）

1. 事故简介

2010 年 8 月 30 日 8 时 50 分许，江苏省无锡市北塘区文教中心工程工地，外脚手架突然坍塌，造成施工作业人员 3 人死亡，5 人受伤。

8 月 30 日晨 5 时 30 分许，施工人员开始拆除主楼 24 层外脚手架。上午 7 时脚手架拆除作业完毕，施工人员进场施工，作业内容为：石材材料班往西山墙外脚手架上（主楼第 5 层高度处）运送石材。运送 6 块石材后，因升降机原因暂停运送；4 名施工人员在主楼西山墙外脚手架上（主楼第 6 层高度处）进行保温材料粘贴施工。上午 8 时 10 分许，电焊班组 6 人从主楼南侧转至主楼西山墙外脚手架上（主楼第 2、3、5、6 层高度处）施工作业。上午 8 时 50 分许，主楼西山墙落地外脚手架突然整体坍塌，脚手架上 7 名作业人员随之坠落，全部被坍塌的脚手架掩埋。

2．事故原因

（1）直接原因

石材在脚手架上集中超载堆放，过大的荷载传至立杆底部，超过立杆的承载能力，立杆失稳造成脚手架整体竖向坍塌，这是本起事故发生的主要原因。

（2）间接原因

1）脚手架存在质量缺陷，脚手架钢管和扣件质量不符合规范规定；同时，事故发生时，局部脚手架连墙件已缺失，降低了脚手架的安全性，导致脚手架在短时间内整体坍塌。

2）工程管理混乱，施工单位在未派驻项目经理和安全员等管理人员的情况下，安排无执业资格人员组织作业人员进场施工，造成施工安全管理网络不健全，安全管理人员缺失，未能开展对作业人员的安全教育培训、安全技术交底等工作，也未能及时发现和制止在脚手架上超载堆放石材的违章作业行为。

3）工程项目经理部安全管理不到位，未对脚手架进行严格的安全管理，对脚手架钢管、扣件不符合规范和局部脚手架连墙件缺失的问题没有及时整改；同时，对分包单位安全管理不严格，未督促公司整改安全管理网络不健全、安全管理人员缺失的问题，也未对分包单位使用脚手架的情况开展巡查，没有及时发现和制止脚手架上集中超载堆放石材的事故隐患。

4）总包单位对承接的工程失管漏管，在对施工合同盖章确认后，在2个月的时间内，既未按照规定和合同约定派出项目经理等人员实施工程施工管理，也未对分公司严格管理，没有及时发现和纠正分公司违规组织施工生产的行为。

5）总包单位安全管理存在薄弱环节，对北塘区文教中心工程项目经理部安全生产工作督促检查不力，既未及时发现和督促项目部整改脚手架存在的问题，也未能及时发现和纠正项目部对分包施工单位安全管理不到位的问题。

6）工程监理单位未严格履行安全监理职责，在审批同意脚手架专项施工方案后，未对照法律、法规和工程建设强制性标准对脚手架搭设和使用的实际情况严格跟踪监理。

7）项目管理存在缺陷，在同意对外墙石材幕墙工程发包时，工作不细、把关不严，未能予以及时纠正，并以鉴证人名义对《北塘区文教中心外墙石材幕墙工程分包合同》确认，且未按照《安全生产责任书》有关规定，严格监督施工单位履行安全管理工作。

3．事故处理

（1）对事故相关人员的处理意见

1）对项目经理、项目安全员由建设行政主管部门暂扣其安全生产考核证书，需经重新培训考核合格后方可领取证书；同时，由其所在公司按照公司奖惩制度给予其严肃处理。

2）对总包单位现场负责人，由司法机关立案侦查，依法处理。

3）对建设单位副总经理、承接外墙石材工程的分包单位负责人，分别由所在公司按照奖惩规定对其进行严肃处理。

4）对施工总包单位副总经理、外墙石材分包单位所在总公司副总经理，由安全生产监管部门按照有关规定给予其相应的行政处罚。

5）对于项目总监，由建设主管部门按照有关规定给予其停止执业资格3个月的处理。

6）对建设单位总经理，由相关部门按行政机关工作人员管理权限对其诫勉谈话。

（2）对事故单位的处理意见

1）对建设单位，由建设主管部门予以通报批评。

2）对总包单位，由安全生产监督管理部门按照《生产安全事故报告和调查处理条例》的规定给予其行政处罚；同时，由建设行政主管部门暂扣其《安全生产许可证》，并责令整改。

3）对外墙石材工程分包单位，由工商管理部门吊销其营业执照。

4）对监理单位，由建设主管部门依法给予其相应的行政处罚。

2.1.10 案例十 内蒙古苏尼特右旗“9·19”模板坍塌事故（2010）

1. 事故简介

2010年9月19日18时40分，内蒙古自治区苏尼特右旗新区人民法院审判庭办公楼建筑工地，混凝土浇筑施工过程中发生模板坍塌事故，造成3人死亡。

2010年9月19日上午10时40分左右，因工程承包方拖欠木工的工资，双方产生矛盾，木工掐断了工地的电源，经过当地公安派出所出面调解后恢复通电，但由于断电致使混凝土泵的泵管堵塞，无法继续作业，12时30分左右作业人员将泵管疏通后继续浇筑。18时40分左右，钢筋工负责人返回楼顶，发现模板支架钢管倾斜，并告知施工人员停止浇筑。正在此时造型墙模板工作台突然发生整体坍塌，导致在模板支架上作业的3名工人全部坠落到楼下。19时05分左右120急救车赶到事故现场，确认2人已死亡。在当地消防队员的协助下，19时50分左右，在龙门架附近的基础坑内找到了浮在水面上的另一个施工员，随即被送往当地医院，因伤势过重，抢救无效死亡。

事故现场见图2-13。

图2-13 内蒙古苏尼特右旗“9·19”模板坍塌事故现场

2. 事故原因

（1）直接原因

模板支撑体系刚度和稳定性不能满足混凝土浇筑的要求，导致在混凝土浇筑即将完毕时模板支撑体系外倾坍塌。

（2）间接原因

1）施工单位在项目经理不在的情况下，未对模板支撑系统专项施工方案组织专家进行技术论证和审查，未经施工单位技术负责人、总监理工程师签字同意，违章指挥作业，下令开始浇筑混凝土作业，是导致该事故发生的主要原因。

2）施工单位安全生产意识淡薄，主要领导对各项规章制度执行情况监督管理不力、对重点部位的施工技术管理不严，有法有规不依，施工单位安全管理机构形同虚设，安全管理人员未尽到职责，是事故发生的重要原因。

3）施工现场用工管理混乱，施工作业前班组未进行技术交底，也未开展班前活动；施工单位雇用劳务人员进入工地作业前，未进行三级安全教育培训，无证上岗作业，是发生事故的重要原因之一。

4）监理公司对于施工单位的违章作业情况未加以制止，也未向有关部门进行报告。在检查中发现立柱间距大、不能满足浇筑混凝土的要求等问题的情况下，只是口头通知，没有出具任何书面通知。对工程检查只是流于形式，更没有采取任何强制措施，督促施工单位整改，在浇筑混凝土时没有进行全过程现场监督，没有尽到施工旁站监理的义务。履行监理职责不到位，也是发生事故的重要原因之一。

3. 事故处理

（1）对事故相关人员的处理意见

1）对施工单位法人代表、总经理、副总经理、分管公司安全的负责人、项目经理，实施相应的经济处罚。

2）对监理单位项目总监及负责该工程的土建工程监理，由住房城乡建设主管部门对其违法违规行为予以处理。

（2）对事故单位的处理意见

对施工单位、监理单位，按照有关规定处以相应的经济处罚。

2.1.11 案例十一　河北省承德市“10·3”坍塌事故（2010）

1. 事故简介

2010年10月3日17时左右，河北省承德市围场满族蒙古族自治县广电中心工地发生坍塌事故，造成3人死亡，直接经济损失150余万元。

2010年10月1日，县建设局安监站对广电中心工地进行检查时，发现其脚手架搭建不符合规范要求且高度超过20m，存在安全隐患，遂对其下达了《停工整改通知书（围建安停字第20101001号）》。施工单位未严格按要求将工地全面停工。10月3日17时许，围场满族蒙古族自治县广电中心工程演播大厅，四层⑥轴18.4m跨度，1.1m高、0.45m宽的大梁在混凝土浇筑到约三分之一跨度时，突然发生倾斜倒塌，造成大梁整体塌落，3名工人随坍塌物坠落至底层地面死亡。

事故现场见图2-14。

2. 事故原因

（1）直接原因

模板支撑系统不完善：混凝土浇筑过程中，采用由南向北单向浇筑的施工方法，致使大梁整体稳定性失衡，发生坍塌事故。

图 2-14　河北省承德市“10·3”坍塌事故现场

（2）间接原因

1）施工单位管理混乱，法人和技术总负责人只是在企业任职，不负责具体工作。企业内部权责不清，管理混乱，应该制定的相关措施不制定，应该履行的审查审批程序不严格履行，工人在施工过程中无据可依，施工随意性大。

2）安全生产责任落实不到位，现场隐患排查不彻底。施工单位在接到围场满族蒙古族自治县建设局安监站下达的《停工整改通知书》后，没有按照要求停止施工。

3）工程监理单位和现场监理人员未认真履行监理职责，现场监理不到位。现场监理工程师、总监代表未严格执行《建设工程安全生产管理条例》的有关规定，在没有对该工程专项施工方案进行审查的情况下，允许施工单位组织施工；发现隐患未及时要求施工单位整改或暂时停止施工；在施工单位未执行主管部门停工指令的情况下，未及时制止并向有关主管部门报告；未依照法律、法规和工程建设强制性标准实施监理。

3. 事故处理

（1）对事故相关人员的处理意见

1）将项目部施工负责人、项目技术员、监理单位项目总监移送司法机关追究其刑事责任。

2）对施工单位法人代表、实际控制人、总经理、安全科长、项目部经理，由承德市安全生产监督管理局对其处以经济处罚。

（2）对事故单位的处理意见

对施工单位、监理单位，由承德市安全生产监督管理局对其实施经济处罚。

2.1.12　案例十二　江苏省南京市“11·26”钢箱梁倾覆事故（2010）

1. 事故简介

2010 年 11 月 26 日 20 时 30 分左右，江苏省南京市城市快速内环西线南延工程四标段在 B17-18 跨钢箱梁上进行防撞墙施工时，钢箱梁发生倾覆坠落（坠落高度 17m），导致 7 人死亡，3 人受伤，直接经济损失约 700 万元。

2010 年 11 月 26 日，施工总承包单位项目部通知施工队的班组长，告之当晚在 B 匝道 B17-18 跨浇筑防撞墙混凝土。当日 19 时许，项目部技术员到达 B 匝道 B17-18 跨钢箱梁桥面，施工队的7名工人在桥面做混凝土浇筑前的准备工作。19时30分许，泵车、砂浆车相继抵达施工现场，泵车架在纬九路小行高架桥桥面。20时20分许，混凝土搅拌车到达浇筑现场后开始浇筑，班组长等7名工人先浇筑钢箱梁外弦防撞墙，2名泵车工在钢箱梁桥面上遥控指挥泵车浇筑混凝土。当防撞墙浇筑1m多长、混凝土约4m^{3}时，项目部技术员离开桥面检查混凝土坍落度，另外两人也因事相继离开。20时30分许，B17-18跨钢箱梁突然整体倾覆坠落，尚在桥面进行施工的5名工人和2名泵车工随钢箱梁坠落地面，7人全部死亡，桥面上混凝土块坠落到地面一简易工棚，工棚内的3名人员被工棚横梁砸伤。

事故现场见图2-15，事故发生示意图见图2-16。

图2-15　江苏省南京市“11·26”钢箱梁倾覆事故

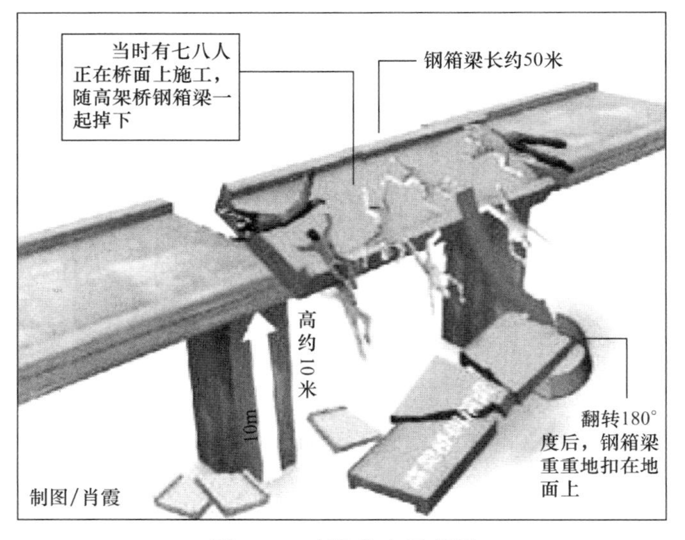

图2-16　事故发生示意图

2. 事故原因

(1) 直接原因

南京市城市快速内环西线南延工程四标段的B17-18跨钢箱梁吊装完成后，钢箱梁支座未注浆锚栓，梁体与桥墩间无有效连接；钢箱梁两端未进行浇筑压重混凝土，钢箱梁梁体处于不稳定状况；当工人在桥面使用振捣浇筑外弦防撞墙混凝土时，产生了不利的偏心荷载，导致钢箱梁整体失衡倾覆。

（2）间接原因

1）施工总承包单位的责任

① 该公司编制了《南京城市快速内环西线南延工程四标段钢箱梁吊装施工方案》，并将其作为超过一定规模的危险性较大的分部分项工程组织专家进行了评审，但忽略了该段桥梁结构应属于结构安装工程，超过一定规模的危险性较大的分部分项工程并非仅仅是起重吊装工程，应包括后续拉压支座锚固、压重混凝土等重要工序。但专项施工方案中对支座安装、压重混凝土浇筑的施工顺序未按设计文件要求予以明确。

② 在专项方案实施过程中，也违反了设计文件所规定的施工顺序，即安装支座、顶升落梁、浇筑压重铁砂混凝土完成桥面施工，在支座未注浆锚固、压重混凝土未浇筑的情况下，先行桥面防撞墙施工。

③ 施工组织混乱。项目经理未在位履责，项目实际负责人和项目技术负责人工作经验不足，事发前未从事过钢箱梁施工。导致整个钢箱梁安装过程中，从施工方案的编制、审批，到方案的实施，材料和设备的准备，现场的组织及安全管理等各个环节组织管理混乱。

2）监理公司的责任

① 监理人员履职不到位。2010 年 8 月 25 日至 11 月 14 日，项目部完成了 B、C、D 三条匝道的五联连续钢箱梁吊装，但钢箱梁的支座均没有注浆锚固，钢箱梁也没有浇筑铁砂压重混凝土，且在 11 月 23 日项目部组织浇筑了 C12-14 跨钢箱梁防撞墙后，监理公司未采取制止措施或向相关主管部门报告，而仅仅在 11 月 25 日第 75 次工程例会上要求施工单位尽快组织浇筑钢箱梁压重混凝土。

② 旁站制度未落实。根据《监理实施细则》第三条第一款：工程旁站的范围包括桥梁工程的混凝土浇筑、钢箱梁的安装等，但在 B17-18 跨钢箱梁防撞墙施工过程中，在监理人员知晓当晚有浇筑防撞墙作业时未实施旁站。

③ 专项施工方案审查不严。在审查专项施工方案中，未向施工单位提出将钢结构安装作为危险性较大的分部分项工程，需编制结构安装的专项安全施工方案，导致钢箱梁支座注浆锚固、压重混凝土浇筑施工顺序等问题未引起施工单位的足够重视。

④ 项目经理资格审查不严。在施工过程中，多次发现施工单位项目经理不在位，且施工单位项目部长期由项目常务副经理主持工作，未对此现象采取进一步措施，督促其及时纠正。

3）政府监管机构的责任

① 市政基础工程质量、安全监督和管理的法定机构，在实施南京城市快速内环西线南延工程质量、安全监督过程中虽然编制了《建设工程监督工作方案》，但未按《危险性较大的分部分项工程安全管理办法》的规定将钢结构安装工程列入重点检查内容。

② 在钢箱梁施工过程中，监督人员未能重视和发现施工队伍违反顺序施工的问题。

4）设计单位的责任

① 设计文件编制深度不足。设计文件中表明 B 匝道 41m 简支钢箱梁支座采用盆式橡

胶支座和拉压型球钢支座，但拉压支座缺少构造细节及安装要求，违反了《市政公用工程设计文件编制深度规定》中关于城市桥梁工程施工图设计文件第 4.5 条附属设计构造图的规定，应绘制支座构造图。

② 安全交底不细致。在其提供的《凤台南路匝道桥施工图设计交底报告》中，未对拉压支座的特殊施工要求进行强调。违反了《建设工程安全生产管理条例》第十三条第三款“采用新结构、新材料、新工艺的建设工程和特殊结构的建设工程，设计单位应当在设计中提出保障施工作业人员安全和防范生产安全事故的措施建议”。《建设工程勘察设计管理条例》第三十条规定：“建筑工程勘察、设计单位应当在建设工程施工前，向施工单位和监理单位说明建设工程勘察、设计，解释建设工程的勘察、设计文件。”

5）相关单位人员经验不足、认识不到位。

设计单位、施工单位、监理单位、监管机构均把钢箱梁的起重吊装作业作为危险性较大的分部分项工程，而未能将其作为钢结构安装工程纳入到超过一定规模的危险性较大的分部分项工程进行管理。吊装作业完成后，未认识到钢箱梁后期安装过程存在的重大风险。

3. 事故处理

（1）对事故相关人员的处理意见

1）对施工单位项目部常务副经理、项目技术负责人、监理公司负责四标段的专业监理工程师和总监代表，由司法机关依法追究其刑事责任。

2）对施工单位项目部常务副经理，由建设主管部门依法吊扣其资格证书。

3）对施工单位总经理，由所在单位给予行政处分。

4）对项目总监，由建设主管部门依法吊扣其资格证书。

5）对监理单位总经理，由其上级主管单位给予行政处分。

6）对南京市政质量安全站项目监督员，由检察机关按照相关规定处理。

7）对南京市政质量安全站副站长、总工程师、项目助理监督员，由纪检、监察机关依法依规处理。

（2）对事故单位的处理意见

1）对施工总包单位，由安全生产监督管理部门对其进行行政处罚，同时由建设主管部门暂停其在南京建筑市场承接工程。

2）对监理单位，由建设主管部门依法进行行政处罚并暂停其在南京建筑市场承接工程。

2.1.13 案例十三 湖南省张家界市“1·28”高支模坍塌事故（2011）

1. 事故简介

2011 年 1 月 28 日 21 时 45 分，湖南省张家界市武陵源区某建筑工地发生一起高支模坍塌事故，造成 3 人死亡，8 人受伤，直接经济损失近 500 万元。

2011 年 1 月 28 日 11 时左右，该工地劳务分包人组织本地民工 27 人浇筑大堂楼板，当时楼面上作业人员有从事混凝土浇筑 16 人，辅助人员 9 人，楼面下 2 名木工班组长观测支模系统。至 21 时 20 分左右混凝土浇筑约一半时，发现模板有下沉现象就立即局部停止了混凝土的浇筑工作。项目部施工队长及 2 名木工班组长当即进入楼板下对模板下沉情况进行检查。21 时 45 分左右，支模架发生坍塌，楼面下 3 人当即被掩埋，楼面作业人员

8人受伤，后经证实被掩埋3人均已死亡。

事故现场见图2-17。

图2-17 湖南省张家界市“1·28”高支模坍塌事故现场

2. 事故原因

(1) 直接原因

1) 该工地地下室大跨度模板支架支撑方案不合理，支架承载力不满足规范要求，支架水平杆局部安装不到位。

2) 该项目施工方在支模方案专家论证没有通过、建设主管部门及监理方已下达停工通知的情况下，违规违章施工。

(2) 间接原因

1) 施工方安全管理制度执行不到位，措施不得力。施工班组管理不力，安全教育培训不落实，管理失控，致使施工班组违规违章施工行为没有得到有效制止，执行建设方春节放假通知没有真正到位。

2) 建设方违反《中华人民共和国建筑法》第七条的规定，在尚未取得施工许可证的情况下于2010年9月开工（2010年12月23日取得施工许可证）。没有对施工现场进行有效管理，2010年1月26日会议已宣布28日放假，未对施工现场进行清场；在监理单位已经告知支模方案没有通过专家论证的情况下，对施工单位违规违章施工行为制止不力。

3) 监理方在明知支模方案没有通过专家论证、施工单位仍在施工的情况下，虽采取了口头和书面通知停工、告知建设单位两个措施，但没有及时报告建设主管部门，以采取进一步措施进行有效制止。

4) 区建设主管部门在知晓建设单位没有取得施工许可证组织施工的情况下，任其无证组织施工近三个月（2010年9月开工，2010年12月23日取得施工许可证）；由区建设主管部门委派的建筑工程质量监督组在实施监督检查的过程中，发现了支模架存在上述问题，并因此下发了停工通知书，但跟踪监管不到位，没有采取进一步有效措施制止施工单位违规违章施工行为的继续发生。

3. 事故处理

(1) 对事故相关人员的处理意见

1) 对建设单位总经理、总工程师、施工单位总工程师、项目部经理、监理单位副董事长、项目总监，由张家界市有关部门处以经济罚款。

2) 对区建设局分管建设工程管理、人事工作的副局长，质量安全监督站站长、副站长，由有关部门予以政纪立案。

(2) 对事故单位的处理意见

1) 对建设单位、施工单位、监理单位，由有关部门对其予以经济处罚。

2) 对区人民政府予以通报批评。

2.1.14 案例十四 河南省平顶山市“3·1”基础筏板钢筋坍塌事故（2011）

1. 事故简介

2011年3月1日22时40分左右，河南省平顶山市“春华国际茗都”16号楼工地，发生一起基础筏板钢筋坍塌的较大生产安全事故，造成4人死亡、2人受伤，直接经济损失约290万元。

2011年3月1日施工队对16号楼进行基础钢筋绑扎作业。19时左右工人吃过晚饭开始加班，其中有10余名工人在基础筏板上、下网片之间作业。19时30分左右基坑里的钢筋不够用，塔吊司机往基坑里吊钢筋，先后吊了13吊约15t钢筋，大部分放在筏板基础北侧。22时40分左右，基础筏板晃了一下，由南向北倾斜，3、4s后倒塌，把在上、下网片之间作业而撤离不及的8名工人压在下面，事故最后造成4人死亡、2人受伤。

事故现场见图2-18。

图2-18 河南省平顶山市“3·1”基础筏板钢筋坍塌事故现场

2. 事故原因

(1) 直接原因

1) 筏板基础钢筋笼上网片集中载荷。筏板基础钢筋笼上下网片靠马凳筋支撑，马凳筋用一根钢筋折弯制成，底部缺少2个方向的支撑，无法形成稳定的支撑面；且其高度较高，稳定性差；马凳筋与上层网片钢筋是点接触，用扎丝绑扎链接；马凳的支脚无连接，平放在基础底板上，筏板基础周围没有安全支撑及模板支撑，马凳筋不能支撑较大的压力。施工队违规在上层网片上堆放了13吊约15t用于扎边网的钢筋，且大部堆放在北半部；加之上层网片的自重、上层网片上10余名作业工人自重及工人作业和走动时产生的晃动等多种力作用，致使上下层网片之间的马凳筋向北倾倒，上层网片钢筋随之向北整体坍塌，酿成事故。

2）钢筋班工人违规进入上下层网片间进行绑扎作业。钢筋班工人安全意识差，没有认识到作业环境存在危险性，在没有确认安全的情况下，盲目进入上下层网片间作业，为事故的发生埋下了隐患。

3）筏板基础四周没有采取稳定加固支撑措施，施工过程中安全防护措施不力。没有采取任何确保上层网片因外力作用不产生较大侧滑的安全措施，从而增加了工人在上下层网片中间和上层网片上面作业的危险性。

（2）间接原因

1）班组长擅自组织工人晚上加班作业。钢筋班为了加快进度，在现场没有管理人员和监理人员的情况下擅自组织工人加班作业。

2）施工现场管理混乱。16号楼项目部自开工以来没有安排专职或兼职安全生产管理员对施工现场进行安全管理，对钢筋班违反规定安排加班监督制止不力。同时在未安排有资质的检测机构对塔吊进行检测的情况下，就在施工中吊运钢筋。

3）监理不到位。工地多次违反规定进行夜间施工，监理单位未能及时发现并予以制止；塔吊未经检验多次使用，监理单位也未予有效制止。

4）上下层网片之间的支撑方面设计上说明不清。设计图纸说明中对支撑钢筋的描述为当板厚大于800mm时，应采用钢筋支架或角钢支架，无上限数据，易导致施工方的选用失误。经查阅施工图纸发现：无马凳筋放样图（现场支撑为U形马凳筋），上下层网片间使用的马凳筋存在有明显的设计制作缺陷。事故发生后，经现场实测马凳筋的间距1.3m左右，而设计的距离是1m，这样的设置必然加大上下网片间马凳筋载荷。

5）未对从业人员进行安全教育培训。钢筋班20余名工人进入工地施工前，项目部未对其进行必要的安全知识培训教育。

6）施工现场照明不好。仅有两盏灯做夜间施工照明，不具备作业照度，施工作业人员无法有效观察到周围的安全情况。

7）16号楼工程施工没有进行招投标并层层转包。建设单位将16号楼工程承包给承包单位后，又被转包给没有资质、安全管理水平不高的个人，后工程又被层层转包分包。

8）建设单位主要负责人法制观念不强，未取得合法手续就进行开发改造建设。

9）区政府对开发改造工程及非安置房工程违法违规开工建设把关不严。

10）国土、规划、建设等部门对违法违规建设行为查处、制止不力。建设单位在开工建设过程中，区国土、建设等部门对建设单位违法建设行为进行过查处，并下达了停工通知书，要求建设单位停止违法建设行为；平顶山市规划、建设等部门对区有关部门查处建设单位违法建设行为进行过督办，但建设单位以建安置房为由一直没有真正停工。

3. 事故处理

（1）对事故相关人员的处理意见

1）对现场技术负责人、工地技术员、钢筋班当班临时负责人、钢筋班班长等人，由相关部门追究其刑事责任。

2）对总承包单位法定代表人兼总经理，鉴于已在事故后病逝，不再追究责任。

3）对项目总监，由建设主管部门按有关规定进行处理。

4）对平顶山市国土资源局新华分局副局长、新华分局焦店中心所所长、新华区住房和城乡建设局副局长，给予行政记过处分。

（2）对事故单位的处理意见

1）施工总承包单位对工程层层转包，不加强安全生产管理，不对施工人员进行安全培训教育，现场施工不配备专职安全生产管理人员，对事故发生负有责任，由有关部门依据法律法规进行处罚。

2）建设单位违法违规开工建设，对事故发生负有责任，由有关部门依据法律法规规定进行查处。

3）新华区政府、平顶山市国土资源局、平顶山市规划局、平顶山市住房和城乡建设局，分别向市政府作出深刻的书面检查。需要追究刑事责任的，由司法机关依法追究。

2.1.15 案例十五 辽宁省大连市“10·8”模板坍塌事故（2011）

1. 事故简介

2011年10月8日13时40分左右，大连市旅顺口区蓝湾三期住宅楼工程在地下车库浇筑施工过程中，发生模板坍塌事故，造成13人死亡、4人重伤、1人轻伤，直接经济损失1237.72万元。

2011年10月8日上午10时30分左右，施工单位浇筑混凝土过程中，有施工人员发现浇筑区北侧剪力墙底部模板拉结螺栓被拉断，发生胀模，混凝土外流。由于胀模、漏浆严重，木工打电话给班长要求增派人员，班长找来电焊工、木工等6人一起参与地下室剪力墙的清理和修复工作。为修复胀模模板，清运混凝土，工人在模板支架间从胀模处向东，清理出两条可以通过独轮手推车的通道，拆除了支撑体系中的部分杆件，使用独轮手推车外运泄漏的混凝土。与此同时，模板上部继续进行混凝土浇筑施工，13时40分左右，已经浇筑完的超过400m^{2}顶板混凝土瞬间整体坍塌，钢筋网下陷，正在地下室进行修复工作的19名工人中，有18人瞬间被支架和混凝土掩埋，1名电工不在坍塌区域。事故最后共造成13人死亡、4人重伤、1人轻伤。

事故现场见图2-19～图2-21。

图2-19 辽宁省大连市“10·8”模板坍塌事故现场（一）

图 2-20　辽宁省大连市“10·8”模板坍塌事故现场（二）

图 2-21　辽宁省大连市“10·8”模板坍塌事故现场（三）

2. 事故原因

（1）直接原因

由于浇筑剪力墙时发生胀模，现场工人为修复剪力墙胀模板，清运泄漏混凝土，随意拆除支架体系中的部分杆件，使模板支架的整体稳定性和承载力大大降低。在修缮模板和清运混凝土过程中，没有停止混凝土浇筑作业，在混凝土浇筑和振捣等荷载作用下，支架体系承受不住上部荷载而失稳，导致整个新浇筑的地下室顶板坍塌。

（2）间接原因

1）施工现场安全管理混乱，违章指挥，违章作业是造成这起事故的主要原因。模板支护施工前未组织安全技术交底，未按施工方案组织施工，仅凭经验搭设模板支架体系，未按要求设置剪刀撑、扫地杆和水平拉杆，北侧剪力墙对拉螺栓布置不合理；模板搭设和混凝土浇筑未向监理单位报验，擅自组织模板搭设和混凝土浇筑施工，导致模板支护和混凝土浇筑中存在的问题未能及时发现和纠正；现场施工作业没有统一指挥协调，施工人员各行其是，随意施工，导致交叉作业中的安全隐患没能及时排除；剪力墙胀模后，生产负责人未向监理人员报告，未到现场组织处理，未对现场处理胀模工作提出具体安全要求；工人修缮模板和清运混凝土过程中，拆除了支撑体系中的部分杆件，从胀模处向东清理出两条独轮手推车通道，用于清运混凝土，在破坏了模板支撑体系的稳定性，降低了支架承载能力的情况下，未停止混凝土浇筑作业。

2）项目部负责人和安全管理人员工作严重失职是造成这起事故的重要原因。项目经理未到位履职，由不具有注册建造师资格的人负责现场生产管理；模板专项施工方案由不具有专业技术知识的安全员利用软件编制，该方案也未经项目部负责人、技术负责人和安全管理部门负责人审核；未设置专职安全生产管理人员，兼职安全员不能认真履行安全员职责，对施工现场监督检查不到位，未能及时发现施工现场存在的安全隐患。

3）施工单位未认真贯彻落实《安全生产法》、《建设工程安全生产管理条例》等法律法规，未建立建筑施工企业负责人及项目负责人施工现场带班制度；对项目经理未到职履责问题失察；对所属项目部监督检查不力，导致项目部安全制度不健全、安全措施不落实、职工教育培训不到位、未设专职安全生产管理员、安全管理不到位等问题不能及时发现、及时整改，是造成这起事故的重要原因。

4）监理公司未认真贯彻落实《安全生产法》、《建设工程安全生产管理条例》等法律法规，对施工项目监督检查不力，发现施工单位未按方案施工时未加以制止；对施工单位地下车库模板支护未报验就擅自施工的违规行为，未履行监理单位的职责进行制止；现场监理人员未依法履行监理的义务和责任，对施工现场巡视不到位，得知模板支护施工时未到现场查看，也没有给予足够重视，使这次本该报验而未报验的模板支护和浇筑混凝土施工作业在没有监理人员在场监督的情况下进行，未能及时发现和制止施工现场存在的安全隐患，是造成这起事故的重要原因。

5）住房城乡建设主管部门监督检查不到位，对施工现场事故隐患排查治理不力，未能及时消除事故隐患。

3. 事故处理

（1）对事故相关人员的处理

1）对施工单位副总经理、项目部生产负责人、监理单位项目总监，由司法机关追究其刑事责任。

2）对项目经理，由住房城乡建设主管部门依法吊销其注册执业资格证书。

3）对施工单位安全部部长，对其处以经济处罚。

4）对监理单位总经理、监理员，对其处以经济处罚。

5）对区城市建设管理局局长、建筑管理处主任、建筑市场管理科科长及工程质量监管站站长和建筑工程安全监督站站长，按照不同情况给予免职或行政记大过处分。

（2）对事故单位的处理意见

1）对施工单位，处以经济处罚，暂缓其建筑施工总承包企业特级资质审批，暂扣其安全生产许可证 90 日，并责令限期整改。

2）对监理单位，责令停业整顿，并处经济处罚。

2.1.16 案例十六 河北省邯郸市“7·7”预压支架坍塌事故（2012）

1. 事故简介

2012 年 7 月 7 日 22 时 20 分，河北省邯郸市中华大街——北环立交桥工程施工现场发生一起预压支架坍塌事故，造成4人死亡，直接经济损失约260万元。

2012年7月7日19时，劳务公司班长安排5名施工人员到北环立交桥二区ZH8＃墩柱附近进行施工作业，主要工作是在一辆汽车吊的配合下，将ZH8号墩柱北侧预压沙袋转移到南侧支架上（第八跨支架）。22时20分左右，预压沙袋吊装完毕。由于正值雨季，为防止沙袋受雨水浸泡而加大载荷，班长组织3名工人给预压沙袋上覆盖防雨篷布，另外两人下去送对讲机。在覆盖防雨篷布过程中，堆积大量预压沙袋的立交桥第八跨支架突然发生局部坍塌，致使班长和现场三名工人随预压沙袋坠落被埋。7月8日1时许，4名被埋人员陆续被救出并送往医院，经抢救无效全部死亡。

事故现场见图2-22。

图2-22 河北省邯郸市“7·7”预压支架坍塌事故现场

2. 事故原因

(1) 直接原因

施工人员为了腾出ZH8号墩柱北侧的工作面，将ZH8号墩柱北侧预压沙袋转移到南侧支架上（第八跨支架）。而在这个过程中，现场工人未依照规程将沙袋按规定的预压荷载均匀排列，而是将沙袋堆积集中放置，造成局部荷载远超支架预压设计荷载，导致第八跨支架局部坍塌。

(2) 间接原因

1) 现场搭设的支架缺少必要的斜撑，使部分细部结构成为机动体系，致使支架结构的稳定性存在隐患。现场搭设的支架扫地杆距地面高度500mm（标准规定支架扫地杆距地面高度应小于或等于350mm，自由端伸出量大于总量的三分之一）。另外立杆上端U形顶托支撑的方木普遍存在偏心受压现象。上述因素是造成本次事故发生的主要原因。

2) 劳务分包单位安全意识淡薄，内部管理混乱，未经同意，施工人员私自加班、违章指挥、违规作业，是造成本次事故的重要原因之一。

3) 施工总承包单位对劳务分包单位管理松懈，现场安全管理不到位，对劳务分包单位私自加班、违规作业的行为未能有效制止，是造成本次事故发生的重要原因之一。

4）监理单位未充分履行监理职能，监督管理不到位，对劳务派遣公司私自加班、违规作业等不安全施工行为未能及时发现和制止，是造成本次事故发生的次要原因。

3. 事故处理

（1）对事故相关人员的处理意见

1）对项目部班长、事故当晚施工作业负责人，因已在事故中死亡，不再追究相关责任。

2）对项目部实际负责人，移交司法机关依法追究其刑事责任，并处以相应的经济处罚。

3）对项目部经理、项目部副总工、项目部安环部副部长、二工区工长，由所在公司给予其行政职务处分并予以经济处罚。

4）对施工总包单位总经理，对其通报批评，并由市安全生产监督管理局和市建设局主要领导对其约谈。

5）对监理单位项目总监、副总监、监理公司在该项目部的安全负责人，处以行政处分及经济处罚。

6）对市建设局副局长，由市纪委对其进行诫勉谈话。对市安监站监督一科临时负责人和二科副科长，给予行政警告处分。

（2）对事故单位的处理意见

1）对施工单位，予以罚款，并由发证机关吊销其安全生产许可证。

2）对监理单位，列入邯郸市安全生产“黑名单”管理，期限 6 个月。

2.1.17 案例十七 江苏省启东市“8·26”高支模坍塌事故（2012）

1. 事故简介

2012 年 8 月 26 日下午 6 时许，启东市恒大威尼斯水城运动中心工程工地发生高大模板支撑系统坍塌事故，造成 4 人死亡，1 人受伤，直接经济损失约 800 万元。

恒大威尼斯水城运动中心项目运动大厅为一、二层共享空间，高 13.6m，其支撑系统与模板于 8 月 25 日前由施工单位项目部某施工队木工班组（无架子工证）搭设完成（未按规定验收）。根据项目部安排，8 月 26 日进行运动大厅立柱、大梁和楼盖的混凝土浇筑。上午 7 时 30 分至 9 时 30 分，共浇筑了西侧四根立柱及西南角部分楼盖，共计混凝土 $135m^3$；下午 15 时 30 分开始浇筑运动大厅南侧的梁和楼盖。下午 17 时许，项目部在浇筑混凝土过程中发现高支模支撑排架不稳定，执行经理安排工人到已浇筑的大梁底部进行局部加固。当时，三楼楼盖浇筑面上共有 5 人作业，到楼盖下进行高支模加固的共有 8 人，其中 5 人在架子上，3 人在二楼楼面。下午 18 时许，模板及支撑系统突然发生变形，并瞬间坍塌。三楼楼盖上 5 名施工人员和二楼楼面上 3 名施工人员成功脱险，5 名在架子上的施工人员被困在坍塌的模板支撑系统及刚浇筑完的混凝土下面。事故最终造成 4 人死亡，1 人受伤。

事故现场见图 2-23、图 2-24。

2. 事故原因

（1）直接原因

模板支撑系统未按规范要求搭设，承载力不足，处于不稳定状态，存在严重缺陷。发现险情后违章指挥、违规操作是事故发生和扩大的直接原因。

（2）间接原因

1）建设单位未认真履行法定职责，项目管理混乱，安全投入不足。未履行工程质量、

图 2-23　江苏省启东市“8·26”高支模坍塌事故现场（一）

图 2-24　江苏省启东市“8·26”高支模坍塌事故现场（二）

安全报监和办理施工许可手续，违法施工；超低价签订监理合同，以监理公司的名义进行施工监理，未向项目派驻符合要求的管理人员；工程管理混乱，未对施工单位、监理单位人员到岗情况进行审查，指派无证人员担任现场监理，强令施工企业违章开工。

2）施工单位未认真履行法定职责，安全投入不足。未按规范要求编制高大模板支撑架专项施工方案（抄袭相邻施工工地方案，专家论证意见造假）；派驻不具备相关执业资格的人员担任项目经理；未组织安全技术交底，安排无建筑施工特种作业操作资格证书“架子工”证的木工搭设模板支撑架，未对搭设后的支撑架进行验收；未编制模板支撑架加固方案及应急救援预案，在发现模板支撑架异常时未根据规定停止混凝土浇筑作业、撤离人员，而是违章指挥，盲目安排人员进行加固；项目经理、项目技术负责人、安全员等施工管理人员未履职尽责，没有把好专项施工方案编制论证关、安全技术交底关、检查验收关、施工过程控制关；所用钢管、扣件锈蚀严重，主要力学性能指标不合格。

3）监理单位未向工程派驻现场监理人员，超低价签订监理合同，允许建设单位以本单位名义进行工程现场监理；项目总监严重失职，未按要求对施工现场实施有效监理，对存在的重大安全隐患和违章作业行为未有效制止和向有关部门报告。

4）住房城乡建设主管部门对该工程监管不力，对未履行工程质量、安全报监和办理施工许可手续的违法施工行为未采取有效措施进行制止。

5）政府监管部门对新开发建设的工程监管不到位，对施工过程中存在的违法违规行为，未采取有效措施进行制止，也未向政府有关部门报告。

3. 事故处理

（1）对事故相关人员的处理意见

1）对施工单位项目经理、项目部负责人和实际控制人、项目部执行经理兼技术负责人、项目部材料员；劳务承包负责人、木工班长；监理公司法定代表人、董事长；建设单位工程部负责人、甲方代表，涉嫌刑事犯罪，移交司法机关依法处理。

2）对监理单位项目总监，处以罚款的处罚，同时由住房城乡建设主管部门按照有关规定，暂扣其注册监理工程师证书两年。

3）对建设单位法定代表人、董事长，分管工程建设的副总经理，工程部工程师、甲方代表，处以经济处罚及相应的行政处罚。

4）对启东市住房与城乡建设局分管基本建设、工程质量工作的副局长和负责建筑市场安全生产监督管理的副局长，给予行政记过处分。

（2）对事故单位的处理意见

1）给予施工单位暂扣安全生产许可证 90 日的处罚及相应的经济处罚，并且自安全生产许可证恢复之日起算，在两年内不得增加资质类别及资质升级。

2）给予监理单位相应的经济处罚，同时由住房城乡建设主管部门暂扣其资质证书 30 日，并且自解除暂扣之日起计算，在 2 年内不得增加资质类别及资质升级。

3）给予建设单位相应的经济处罚。

4）责令政府监管部门向市人民政府作出深刻书面检查。

2.2 模板支撑工程及脚手架坍塌事故特点

模板支撑系统坍塌事故大多发生在混凝土浇筑阶段。由于混凝土浇筑过程中会有相当数量的施工人员在浇筑面上作业，模板支撑结构倒塌事故发生前没有明显征兆，突发性较强，且支架变形倒塌迅速，作业人员往往无法及时逃生，所以一旦发生模板支撑系统坍塌，往往都是群死群伤，社会影响相当恶劣的事故。

模板支撑结构作为一种临时支撑结构，它的受力和工作状况受许多变化因素的影响。高支撑结构坍塌事故表明，这种结构安全稳定的关键在于支撑脚手架是否稳固。从模板支架坍塌事故中不难发现，由于目前国内超过 70％模板支撑结构采用扣件式支撑结构。同时，扣件式支撑结构受人为因素影响非常大，因此扣件式钢管高支撑结构坍塌事故在模板支撑工程及脚手架坍塌事故中所占的比例最大。

2.3 模板支撑工程及脚手架坍塌事故原因统计分析

本章以17起较大及以上模板支撑工程及脚手架坍塌事故作为案例分析，对导致模板坍塌事故的直接原因和间接原因进行统计分析，同时考虑到仅仅依靠这17起事故的统计样本数量不足以客观反映模板支撑工程及脚手架坍塌事故的原因，本书编写设计了针对模板坍塌事故原因的调研问卷（见本书附件1），并请该领域相关专家以及各省、市建筑安全监管站、施工企业安全经理等进行填写，同时参考借鉴其他课题研究成果，以此弥补样本数量不足带来的问题。本书中其他类型事故案例也采取了同样的统计分析方法，不再说明。

2.3.1 施工安全技术问题

1. 模架支撑体系搭设存在问题

（1）杆件间距过大，不设剪刀撑

剪刀撑在提高脚手架整体承载能力方面作用很大，在支撑结构四周均设置剪刀撑时，垂直剪刀撑将支撑结构变成一个封闭体，能极大地提高支撑结构的整体刚度，从而可大大提高支架承载力。水平剪刀撑设置在上部对支撑结构稳定承载能力贡献更大。而通过事故原因调查分析，很多事故都是由于剪刀撑未随着支撑结构同步搭设，而且剪刀撑斜杆不与支撑结构进行扣接，大大降低了系统支撑作用，从而导致坍塌事故的发生。如贵州省贵阳市“3・14”模板坍塌事故、辽宁省大连市“10・8”模板坍塌事故、云南省昆明新机场“1・3”支架坍塌事故，架体均未见剪刀撑，杆件间距过大，导致事故发生。

（2）模架支撑无扫地杆，与结构无可靠连接

不设置扫地杆支撑结构非线性稳定承载力比设置扫地杆减小15%左右，因此为了保证扣件式钢管高大模板支撑体系的安全，必须设置扫地杆。而扣件式或碗扣式钢管脚手架支撑在施工现场搭设时，施工人员为操作方便，不设置扫地杆的现象时有发生；这致使大部分架体与结构无可靠连接，也是导致坍塌事故发生的主要原因。如贵州省贵阳市“3・14”模板坍塌事故，架体构造上存在明显构造缺陷，立杆和横杆间距、步距等不满足要求、扫地杆设置严重不足，缺少与结构的连接。辽宁省大连市“10・8”模板坍塌事故中，施工人员为进入模架支撑内部清理胀模问题，而擅自拆除了模板支撑结构的扫地杆，最后导致模架支撑整体坍塌。

2. 混凝土浇筑程序存在问题

混凝土浇筑程序恰当与否，直接影响到模板支撑体系的安全工作。在非对称路径下浇筑混凝土，支撑结构受力不对称、不均匀；在对称路径浇筑混凝土，支撑结构所受内力较对称、较均匀，且支撑结构的最大支撑轴力出现在混凝土浇筑完全结束之后。因此，在施工过程中应对称浇筑混凝土。如贵州省贵阳市“3・14”模板坍塌事故中，在混凝土浇筑时没有按照先浇筑柱，后浇筑梁的顺序进行，而采取了同时浇筑的方式而导致了事故的发生；辽宁省大连市“10・8”模板坍塌事故，地下车库入口处的剪力墙与顶板混凝土也为同时浇筑。

2.3.2 模板支撑系统构配件质量问题

在模板支撑工程及脚手架坍塌事故调查中发现，脚手架钢管壁厚很少有达到3.5mm标准规定的要求，部分甚至低于3.0mm。由于《钢管脚手架扣件》（GB 15831）未对扣件

质量作硬性规定，导致扣件生产厂家投机取巧，扣件越做越薄，在目前建筑市场上很难找到完全符合标准的扣件；钢管和扣件的多次重复使用，批次不分，厂家不分，使用年限不分的现象非常普遍。如云南省昆明新机场“1·3”支架坍塌事故中，钢管壁最厚为3.35mm，最薄的为2.79mm，管壁平均厚度不足3.0mm，管壁厚度全部不合格等。

通过对模板支撑工程及脚手架坍塌事故直接原因的统计分析，模架支撑结构搭设与混凝土浇筑的问题，作业人员违章作业、不按安全专项施工方案施工以及模板支架的钢管、扣件等材料质量达不到要求是导致模板支撑工程及脚手架坍塌事故的主要原因。这17起模板支撑工程及脚手架坍塌事故的原因中，模架支撑结构搭设与混凝土浇筑问题是最主要的因素，其次是作业人员违章作业、不按安全专项施工方案施工和模板支架的钢管、扣件、碗扣等材料达不到质量标准。

2.3.3 施工安全生产管理问题

1. 施工单位安全责任未落实，安全管理不到位

（1）安全专项施工方案编制存在缺陷，技术交底不到位

在对模板支撑系统坍塌事故案例进行统计分析时，发现很多事故案例都存在着专项方案编制不认真、编制内容抄袭规程规范、使用引用规程规范不当、计算模型与实际搭设不符、稳定性设计计算错误等问题。从目前掌握的一些情况来看，造成安全专项施工方案频频出现问题有以下原因：部分方案编写人员的模板支架设计理论水平及施工经验不足，缺乏模板支架设计的专业培训；在相当一部分方案编制过程中，工程技术人员闭门造车、东抄西搬，与工程实际相脱节。如：江苏启东“8.26”事故，施工单位未按要求编制高大模板支撑架安全专项施工方案，而是抄袭其他工地的专项施工方案，而且方案的专家论证意见存在造假的行为。

（2）施工人员违章作业，不按施工方案施工

本书选取的17起模板支撑工程及脚手架坍塌事故中，绝大多数事故都存在作业人员违章施工、施工方法不当等行为。在建筑施工现场，“凭经验、没问题”思想盛行。施工作业人员对施工方案和技术交底的要求不认真落实，随心所欲地使用和搭设脚手架，造成模板支撑系统稳定性及承载力等不满足要求而导致事故的发生。

如：辽宁大连“10·8”模板坍塌事故中，由于修缮模板和清运混凝土过程中，没有停止混凝土浇筑作业，在混凝土浇筑和振捣等荷载作用下，支架体系承受不住上部荷载而失稳，导致整个新浇筑的地下室顶板坍塌；四川省成都市“4·15”砖胎模坍塌事故，虽编制了专项施工方案，但是施工人员在实际操作中并未严格按照专项施工方案执行，冒险蛮干，最终导致了事故的发生。

（3）现场安全管理力量不足，特种作业人员不具备资格

一些施工企业中既懂安全管理理论又具有实际经验的安全管理人员较少，而承揽的工程较多，加之企业各项目之间人员的频繁调动，造成一些工程项目的安全管理人员不能按照规定足额配备，严重影响了项目的安全管理工作。另外，一些从事脚手架搭设的人员未持有特种作业人员资格证书，违章违规作业的行为不能得到有效制止。

如深圳市南山区“3·13”防护棚坍塌事故中，由于安全员离开项目部后没有安排人员接替工作，造成防护棚高空作业安全管理的缺位，导致不能及时制止作业中的违章行为；辽宁省大连市“10·8”模板坍塌事故中，由于兼职的安全员不能认真履行安全员职

责，对施工现场监督检查不到位，未能及时发现施工现场存在的安全隐患，导致了事故的发生；江苏省无锡市“8·30”脚手架坍塌事故中，由于无安全管理人员，未能及时发现和制止在脚手架上超载堆放石材的违章作业行为等。

（4）安全投入不足，降低了安全防护的水平

为降低工程管理成本，现在许多施工单位将周转材料以“扩大劳务分包”的形式转包给施工劳务队，而施工队再转包给周转材料租赁站。这种层层转包的方式，由于层层“扒皮”，降低了安全防护的实际投入，又增加了安全管理难度。如：湖南省株洲市“5·17”拆除工程坍塌事故中，由于施工单位安全保障投入不够，一些应进行防护的部位没有进行防护，导致安全生产隐患的存在，如高架桥东侧106～101号桥墩间没有设置硬质围挡；深圳市南山区“3·13”防护棚坍塌事故中，在施工合同中，没有单列安全防护措施费，施工现场安全防护及安全措施不到位，最后导致了事故的发生。

2. 监理公司未能履行安全责任，对项目监督不到位

一些监理单位对施工现场监理不力，对工程中发现的安全隐患未能及时有效地制止和报告，或有的现场监理工程师对高大支撑结构系统的技术标准和构造要求不了解，对模板工程的专项施工方案没有进行实质性的审查，也未能及时地督促整改。如：河南省平顶山市“3·1”基础筏板钢筋坍塌事故中，监理公司未能及时发现该工地施工人员多次违反规定进行夜间施工的行为；四川省成都市“4·15”砖胎模坍塌事故中，监理公司巡查时未发现施工公司不按《施工组织设计方案》拆除砖胎模内支撑的违法行为；江苏省无锡市“8·30”脚手架坍塌事故中，监理机构对脚手架不符合规范的事故隐患未采取有效措施进行制止。

3. 作业人员安全生产意识淡薄，安全教育培训不到位

在对模板支撑工程及脚手架坍塌事故原因调查分析中发现，安全教育培训不到位是经常被提及的问题之一。施工作业人员大多数为农民工，他们安全生产意识淡薄、安全素质差，对专项施工方案的相关要求未能真正落实。而一些施工企业对从业人员的安全教育培训工作不重视，甚至存在弄虚作假的行为，致使施工人员的安全培训及技术交底等工作流于形式。

如：湖南省株洲市“5·17”拆除工程坍塌事故中，由于项目部负责人、技术负责人一直未对项目部施工员、安全管理员、施工人员等进行技术交底和安全培训工作，导致现场施工员、施工人员对施工方案内容不清，安全事项不明，仅凭经验进行施工作业；辽宁省大连市“10·8”模板坍塌事故中，由于模板支护施工前未组织安全技术交底，仅凭经验搭设，导致模板支护和混凝土浇筑中存在的问题未能及时发现和纠正；项目经理部未依法依规开展安全教育培训，造成作业人员缺乏必要的安全生产知识和能力，违规作业，最后导致了事故的发生等。

4. 建设单位违法发包现象仍然存在

在模板支撑工程及脚手架坍塌事故原因中，很多起是由于建设单位违反规定，将项目指定发包给无资质、安全管理水平不高的私人包工队而导致事故的发生。如：深圳市南山区“3·13”防护棚坍塌事故中唐山市某公司允许挂靠，非法发包，导致现场安全管理失控；河南省平顶山市“3·1”基础筏板施工时钢筋坍塌事故中，建设单位将工程承包给承包单位后，又将工程转包给没有资质、安全管理水平不高的个人，后工程又被层层转包分包；广州市天河区“5·8”桥廊坍塌事故中，建设单位在未与中标单位签订承包协议的情

况下，直接将项目发包给私人包工队。

2.4 模板支撑工程及脚手架坍塌事故预防措施

1. 严格建筑施工安全专项方案编制审核

施工、监理等单位应严格按照住房和城乡建设部《危险性较大的分部分项工程安全管理办法》（建质［2009］87号）的有关要求，编制、审核和审批论证建筑施工安全专项方案。对搭设高度超过5m以上的模板支架，专项方案必须经施工单位技术负责人、项目总监理工程师审核签字。对于高度超过8m以上的模板支架，施工单位必须组织脚手架专业方面的专家对建筑施工安全专项施工方案进行严格论证。

2. 加强模板搭设过程的安全管理

建筑施工模板支架搭设必须由持有建筑施工特种作业操作资格证书的架子工进行。模板支架搭设前，施工单位应当按规定对作业人员进行安全技术交底，明确搭设参数和构造要求。搭设过程中，施工单位应当严格按照模板设计及专项施工方案实施，指定专人实行过程监控，对剪刀撑设置、连接件安装质量等关键节点验收，并如实填写验收记录。搭设完毕后，必须经施工单位项目技术负责人、项目总监理工程师验收签字，确认安全可靠后，才能浇筑混凝土。模板支撑的拆除，必须在确认混凝土强度达到设计要求后才能进行，且拆除的顺序也应严格遵照模板施工技术方案的要求，严禁野蛮拆模。

3. 施工企业认真落实安全生产主体责任

施工企业认真落实安全生产管理职责，按照有关规定，配备安全管理人员，对无法履职、无能力履职的人员及时予以更换；应定期对施工现场进行安全检查，消除安全隐患。要切实加强安全生产培训教育工作，认真落实三级教育制度，切实提高从业人员安全意识和安全技能，杜绝违章作业，防范事故发生。加强对分包单位的安全管理，严禁将工程项目分包给不具备安全生产许可证的劳务队伍；在分包合同中明确各单位的安全管理职责，并定期进行检查、考核，严禁以包代管。

4. 监理单位应切实加强现场安全管理，认真履行安全监理职责

监理单位要按照规定配备项目监理人员，确保企业资质、人员数量、资格等条件符合有关要求。要加强对现场的安全管理工作，督促施工单位安全管理人员到位、履职。要切实做好施工关键环节、关键工序的旁站监理工作；要及时巡查现场安全状况，对发现的违规行为和安全隐患责令相关单位进行整改，对拒不整改的，及时报告政府主管部门。

监理单位要严格按照《建设工程监理规范》GB/T 50319—2013履行建设工程安全生产管理法定职责，严格按照《建设工程高大模板支撑体系施工安全监督管理导则》的要求，编制安全监理实施细则，明确对高大模板支撑体系的重点审核内容、检查方法和频率要求，严格按照审批的施工专项方案对高大模板支撑体系搭设、拆除及混凝土浇筑过程中的安全管理。

5. 加大违法行为查处力度

住房城乡建设主管部门应当加大对模板支撑系统安全监管力度，严厉查处不按规定编制、审核、论证、执行模板支撑系统专项方案，不按规定进行材料查验、资格审核、技术交底、搭设验收、混凝土浇筑等违法违规行为，及时消除重大安全隐患。

第3章　建筑起重机械事故案例

近年来随着工程施工技术的不断进步，中高层、高层、超高层结构越来越多。建筑起重机械设备作为现场施工作业必不可少的运输设备，得到了越来越广泛的应用。然而由于其拆装技术要求高、使用频繁、易疲劳等特点，再加上建筑起重机械露天作业，作业环境相对比较恶劣，起重机械生产、租赁企业门槛低，导致近年来建筑起重机械事故频发。本章选取近年来发生的典型较大型建筑起重机械事故，对该类型事故特点、发生原因进行归纳分析，并提出相应预防措施。

3.1　事故案例

3.1.1　案例一　湖南省长沙市“12·27”施工升降机吊笼坠落事故（2008）

1. 事故简介

2008年12月27日7时30分，长沙市某住宅小区二期建设工程19号楼工地发生一起施工升降机吊笼坠落的起重伤害事故，造成18人死亡，1人受伤，直接经济损失686.2万元。

2008年12月26日22时，作业人员对19号楼的施工升降机进行了顶升并加附着。施工结束后，当晚操作施工升降机，将吊笼上下试运行了几次。当时只发现电缆没有像以往正常回位到电缆篮内，没有发现其他问题。12月27日，早上5点多钟开始，司机操作施工升降机的左吊笼，两次运砂浆至22层，然后将8人分别运到22层（6人）和29层（2人），接着又运送18名民工到29层。当吊笼上升至85.5m时，升降机标准节在85.5m处突然发生折断，左吊笼和85.5m以上6个标准节一同坠落，造成18人死亡，1人受伤。事故现场见图3-1、图3-2。

2. 事故原因

（1）直接原因

1）标准节没有上好连接螺栓，没有按规定加附着。技术鉴定专家从事故现场取证照片、材质化验、力学分析、工况计算证实，第57与第58标准节的左吊笼侧的两个连接螺栓，一个正常，另一个螺杆没带螺帽；右吊笼侧的两个连接螺栓都没带螺帽。第13个附着以上的自由端高度为12.75m，超过使用说明书中要求≤7.5m的规定。

2）12月26日施工升降机导轨架增加附着后，19号楼项目部没有组织验收就投入使用。当左吊笼通过没有上好连接螺栓的位置后，自身重力和19名乘员的重力产生的偏心力矩大于标准节的稳定力矩，导致事故发生。

（2）间接原因

1）设备租赁公司方面的原因。一是违规租赁，将没有首次出租备案的施工升降机出租，在签订租赁合同中没有依法明确租赁双方的安全责任，没有建立出租施工升降机的安

图 3-1　湖南省长沙市“12·27”施工升降机吊笼坠落事故现场（一）

图 3-2　湖南省长沙市“12·27”施工升降机吊笼坠落事故现场（二）

全技术档案。二是违法安装，没有安装资质的队伍违法承接安装业务；违法私刻安装公司公章并以该公司及有关人员的名义制定此台施工升降机的安装、拆除方案，出示安装验收报告等。三是作为施工升降机使用单位之一，增加附着后没有按《建筑起重机械安全监督管理规定》（建设部令第166号）的规定组织验收就移交司机使用。

2）19号楼项目部方面的原因。一是以包代管，将安装、维修、拆除服务及操作人员全部包给其他公司。二是不依法履行安全职责，没有及时制止和纠正安装人员、操作司机无特种作业资格证上岗的违法行为：12月26日升降机顶升过程无专职设备管理人员、无专职安全生产管理人员现场监督，没有及时消除故障和事故隐患。三是作为施工升降机使用单位之一，违法使用未经首次出租备案、未经使用登记的升降机，升降机加附着后没有依法组织出租、安装、监理等有关单位验收，也没有委托具有相应资质的检验检测机构验收就投入使用。

3）建设单位方面的原因。一是安全检查评比中没有执行建设部颁布的标准——《建筑施工安全检查标准》，组织制定的物料提升机（人货电梯）检查评比表与建设部标准中的“外用电梯（人货两用电梯）检查评分表”不一致，没有对操作司机资质、拆装队伍资质、附着等方面进行检查。二是在组织的安全检查中没有发现、消除19号楼施工升降机存在的安全隐患，没有对照《建筑起重机械安全监督管理规定》（建设部令第166号）要求检查、纠正各相关单位在19号楼施工升降机中存在的违法行为。

4）施工单位方面的原因。一是公司指挥部没有按公司的规定认真把好租赁设备的资料备案审查关和安全管理关，导致19号楼安装、使用的施工升降机未经首次出租备案、未经使用登记就安装使用。二是对指挥部和19号楼项目部管理不到位，没有及时发现、制止和纠正施工升降机顶升、使用中存在的违法行为。三是安装、增加附着后没有依照建设部的规定组织验收。

5）监理公司方面的原因。一是资料审核中没有发现出租的施工升降机未经备案。二是没有对未经使用登记的施工升降机，以及施工升降机没有进行经常性和定期的检查、维护和保养记录等提出监理意见。三是对施工升降机加附着后未经验收就投入使用没有提出监理意见。

6）建筑安全监督站方面的原因。一是没有发现并纠正19号楼建设工地使用未经备案、未经使用登记的施工升降机；且施工升降机加附着后未经验收就投入使用的违法行为。二是没有及时依法查处无资质的安装单位、无资质的安装人员、无资质的操作司机等违法行为。

7）建委方面的原因。没有按照《建筑起重机械安全监督管理规定》（建设部令第166号）的规定落实好施工升降机到建设行政主管部门进行备案和使用登记的要求，导致2008年8月生产、9月份首次安装在19号楼建设工地的施工升降机未经备案和使用登记一直在使用。没有及时指导、督促长沙市建筑安全监督站查处19号楼建设工地存在的违法租赁、安装、使用施工升降机等违法行为。

3. 事故处理

（1）对事故相关人员的处理意见

1）对项目部副经理（项目承包人）；项目部施工员；设备出租公司法人代表、董事长；监理单位设备监理员、项目监理员；事故升降机顶升人员；负责19＃栋施工升降机的安装、顶升、维护、聘请司机等工作的人员，移送公安机关依法追究刑事责任。

2）对施工单位指挥部负责人、安全科科长，给予撤销职务及党内严重警告处分。

3）对监理单位项目总监，给予撤销职务的处罚。

4）对市建筑安全监督站副站长、二科监督组一组组长等人员，给予行政免职、降级、撤职和党内严重警告等处分。

（2）对事故单位的处理意见

1）对建设单位、施工单位、监理单位，由省建设厅依法就有关证照给予行政处罚，并由有关部门处以相应的经济处罚。

2）对设备租赁公司，由省工商局，依法收缴私刻的公章，重新规范经营范围，依法给予停业整顿的行政处罚。

3.1.2 案例二 山东省青岛市“4·2”塔吊上部坠落事故（2009）

1. 事故简介

2009年4月2日上午10时10分，山东省青岛市云南路改造项目一期工程建筑工地塔式起重机拆除过程中，发生上部结构失稳坠落事故，造成5名拆除人员当场死亡。

事故塔吊位于云南路旧城改造工程E区7号楼北侧中间部位，经五次顶升后该塔吊最终安装高度为100m（40个标准节），工程建筑高度80m（26层）。2009年4月2日7时30分左右，工头带领5名工人来到工地并指挥塔吊拆卸作业。10时10分左右，作业人员已拆除5个标准节，此时塔吊高度为87.5m，塔吊上部结构突然坠落至裙楼平台上，造成正在塔吊上作业的5人当场死亡。事故现场见图3-3、图3-4。

图3-3 山东省青岛市“4·2”塔吊上部坠落事故现场（一）

2. 事故原因

（1）直接原因

1）塔吊拆卸人员违规违章作业：拆卸作业的6人中有3人无特种作业资格证。

2）拆卸作业时天气条件不符合规范要求：根据青岛气象台、监理日记等记录，事故发生当日南风4～5级，因塔吊所处的位置靠近海边，高度100m，上部风力更大，超过《塔式起重机》（GB/T 5031—2008）第10.3.7条规定的满足制造商“塔吊拆卸时风力应低于四级”的要求。

3）塔吊拆卸前施工人员未按规定对塔吊进行检查：根据事故现场勘察，用于塔吊标准节顶升的两块爬爪均已断裂，其中一块爬爪存在陈旧裂纹。

图 3-4　山东省青岛市“4·2”塔吊上部坠落事故现场（二）

（2）间接原因

1）根据现场勘察，用于塔吊标准节顶升的两块爬爪均已断裂，在其中一块爬爪残片轴孔下部正中部位沿轴向有长约 30mm（等于爬爪厚度）、深约 2～3mm 明显不规则陈旧裂纹。

2）事故塔吊爬爪孔直径、爬爪长度、孔的位置与图纸尺寸不一致，且计算书中缺少对爬爪的计算，无法确定事故塔吊爬爪的设计承载能力，结合在爬爪残片上发现的不规则陈旧裂纹，专家推定事故塔吊爬爪存在承载力不足的可能。

3）塔吊施工方案未根据现场实际制定。

4）塔吊租赁公司在没有塔吊拆装资质的情况下，承接了云南路项目部工程的塔吊拆装施工工程，并且将塔吊拆卸工程发包给不具备安全生产条件、无资格的个人。对施工人员的安全管理不严，安全教育培训和安全技术交底不落实。

5）施工单位施工安全管理薄弱，内部安全管理混乱，安全生产责任制和安全生产规章制度落实不严格，将工程发包给无塔吊拆装资质公司，在当天风力超过规定的情况下，没有及时制止塔吊拆卸作业；塔吊拆除过程中，项目经理、安全员没有在塔吊拆除现场进行监督检查，没有及时消除存在的安全隐患和违章行为。

6）监理公司监理不到位，未严格审核塔吊拆卸工程专项施工方案，未严格审核安装单位的资质证书和特种作业人员的特种作业操作资格证书；监理公司在实施监理过程中，未及时发现存在的安全隐患，履行安全监理职责不到位。

7）建设单位未对承包单位的安全生产工作统一协调、管理，对事故的发生负有协调管理不到位的责任。

8）市建管局在申报单位缺少塔吊拆装公司塔吊拆装资质原件的情况下，虽未批准其拆卸，但没有对塔吊拆卸进行跟踪监督检查，塔吊拆装市场管理存在薄弱环节。

3. 事故处理

（1）对事故相关人员的处理意见

1）对项目部安全员，由市建设主管部门报请省建设主管部门发证机关，给予其吊销证书的行政处罚。

2）对施工单位副经理、塔吊拆装公司副总经理、塔吊拆卸工程承包人，移交司法机关处理。

3）对监理单位监理员，由市建设主管部门报请省建设主管部门发证机关，给予吊销监理工程师执业资格证书，终身不予注册的行政处罚，并责成监理单位对其予以经济处罚。

（2）对事故单位的处理意见

1）对施工单位、监理单位、塔吊拆卸公司，由相关部门处以相应的经济处罚。

2）对塔吊租赁公司，由市建设主管部门吊销其资质证书。

3）对建设单位、市建管局，责成其向青岛市人民政府作出书面检查。

3.1.3 案例三 广东省深圳市“12·28”塔吊倒塌事故（2009）

1. 事故简介

2009年12月28日15时40分，广东省深圳市宝安区凤凰花苑工地发生塔吊倒塌事故，共造成6人死亡，1人重伤，直接经济损失约490万元。

2009年12月27日，塔吊租赁公司经理接到施工单位的通知，要求于28日顶升施工现场的3号塔吊。12月28日，塔吊租赁公司经理来到工地上，找来6人，在3号塔吊上实施顶升作业。15时40分左右，顶升过程中，因顶升作业人员操作不当，塔吊上部结构坠落并与塔身撞击，导致6人死亡，1人重伤。事故现场见图3-5、图3-6。

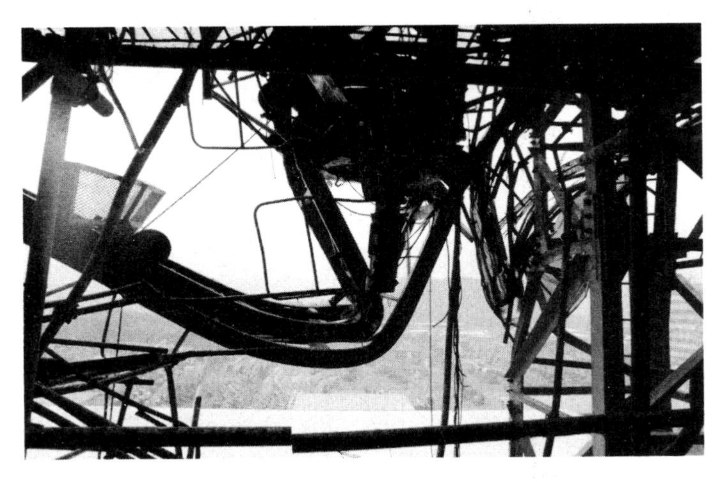

图3-5 广东省深圳市“12·28”塔吊倒塌事故现场（一）

2. 事故原因

（1）直接原因

顶升作业事故发生前，顶升液压系统工作压力为额定压力的1.94倍；顶升作业事故前，人为造成塔吊上部结构严重偏载；偏载导致顶升运动卡阻。在上述原因共同作用下，加之操作人员处置卡阻不当，导致塔吊上部结构坠落，造成事故的发生。

（2）间接原因

1）施工总承包单位项目安全管理不到位，未能切实履行总承包安全管理责任；将塔吊顶升工程委托给不具备资质的公司承担；项目部对分包单位在塔吊安装、顶升施工中作

图 3-6 广东省深圳市“12·28”塔吊倒塌事故现场（二）

业人员的资格、技术交底和现场管理等方面，未履行总承包单位安全管理职责。事故发生当日，未派安全管理人员现场监督，未检查施工操作人员资格。

2）塔吊租赁单位无资质施工。该公司不具备塔吊安装、顶升施工资质，非法实施塔吊安装、顶升；该公司招用无特种作业操作资格证书的塔吊施工操作人员，致使作业人员操作不当发生事故；私刻塔吊安装企业公章，伪造文件，弄虚作假；未按规定对作业人员进行安全技术交底，安全管理混乱；塔吊顶升作业未按规定预先向监理单位报告。

3）塔吊安装企业违法出借公司资质证书。公司虽名义上签订塔吊安装合同，但实际并未按照合同实施安装，在合同中指派塔吊租赁企业法定代表人为设备安装负责人，违法出借公司资质，为无资质的塔吊租赁公司实施安装提供了条件。

4）监理公司履行监理职责不到位。对实际从事塔吊的安装、顶升的单位和作业人员的资质、资格审查不到位；对项目部安全员配备不到位的问题，没有及时发现和督促整改，监督检查不力；对塔吊安装、顶升作业中存在的问题未能及时发现和督促整改；对施工单位顶升作业不履行告知程序、拒不认真整改，没有及时向市安监站报告，履行监理职责不到位。

3. 事故处理

（1）对事故相关人员的处理意见

1）对项目经理、项目实际负责人、项目副经理、专职安全生产管理人员，由司法机关追究其刑事责任。对项目经理，由市建设主管部门报请发证机关吊销执业资格证书。对专职安全生产管理人员，由市建设主管部门暂扣安全生产考核证书 6 个月。

2）对塔吊安装、顶升作业施工现场管理负责人；塔吊产权、出租单位法定代表人，由司法机关追究其刑事责任。

3）对施工单位法定代表人、总经理、副总经理（深圳分公司总经理），处以相应的经济处罚。

4）对监理单位项目总监、分管 3 号塔吊监理工作的监理员，由司法机关追究其刑事责任；由市建设主管部门暂扣其资格证书 4 个月。

5）对监理单位总监代表，由市建设主管部门暂扣其资格证书 4 个月。

(2) 对事故单位的处理意见

1) 对施工总承包单位、塔吊租赁公司，由市建设主管部门处以相应的经济处罚。

2) 对塔吊安装公司，由市建设主管部门没收该公司违法所得 46 万元，并报请广东省住房和城乡建设厅责令其停业整顿。

3) 对监理单位，由市建设主管部门暂扣该公司资质证书 4 个月。

3.1.4 案例四 河北省石家庄市“1·24”塔吊倾覆事故（2010）

1. 事故简介

2010 年 1 月 24 日 18 时 20 分左右，河北省石家庄市北城国际项目部 10 号楼工地发生一起塔吊倾覆事故，造成 3 人死亡，1 人重伤，直接经济损失约 143 万元。

2010 年 1 月 24 日，项目部起重机械工长带领 10 号楼塔吊司机、电焊工、16 号楼塔吊司机和 4 名架子工，来到 10 号楼塔吊上进行顶升加节作业。下午 15 时许，该项目执行经理接到电话报告塔吊出现故障，需要找人修理。便与附近工地联系修理工帮助排除故障。16 时许，修理工来到 10 号楼塔吊，询问和查看后，排除其他原因，怀疑是液压泵有问题（该塔吊液压泵站已无压力表，看不出压力情况），建议换一个相同型号的液压泵。之后离开该塔吊。18 时许，10 号楼塔吊共有 4 名操作人员进行液压泵更换作业。其中 1 人指挥塔吊司机操作，使起重臂由正东向西北方向回转（此时，塔吊套架及以上部分结构重量仅由一对爬爪支撑），将相邻 16 号楼工地塔吊拆下的液压泵自地面吊起，变幅小车向内行走，放在操作平台上，准备更换。18 时 20 分左右，塔吊平衡臂带动塔帽、回转总成、套架、起重臂等结构突然发生整体空中翻转，倾覆坠地。事故现场见图 3-7。

图 3-7 河北省石家庄市“1·24”塔吊倾覆事故现场

2. 事故原因

(1) 直接原因

安拆人员在塔吊顶升作业出现故障排除作业过程中，违反《塔式起重机》(GB/T 5031—2008)、《塔式起重机操作使用规程》(JG/T 100—1999) 及塔吊生产厂家《QTZ80A 自升塔式起重机使用说明书》等技术文件要求（即在顶升过程中，应把回转机构紧紧刹住、严禁回转及其他作业），违章回转塔吊起重臂，造成起重臂与平衡臂的力矩严重失衡，导致塔吊整体失稳，平衡臂、塔帽、回转总成、套架、起重臂等结构整体翻转，倾覆坠地。

（2）间接原因

1）安全教育培训不到位。施工单位开展安全生产教育、培训和安全技术交底流于形式，导致有关法律法规、规章制度和规程、规范、方案的要求不能有效落实到现场，使部分从业人员没有掌握必要的安全生产知识，未能深刻认识到作业岗位存在的危险因素，没有树立牢固的安全生产意识就上岗工作，从而在施工过程中出现违章指挥、违章作业的现象，最后导致事故的发生。

2）监督检查不到位，对隐患排查不力。施工单位对特种设备的管理存在明显漏洞。对在起重机械作业中出现的严重违章指挥、违章作业现象，塔吊液压泵站安全附件缺少压力表，使用起重机械未按规定在建设主管部门办理使用登记，起重机械安全技术档案不全等施工过程中存在的不安全因素未能及时采取有效措施予以消除和解决。

3）劳动组织不合理。项目部起重机械工长严重违反规定，指挥不具备资格的人员进行特种设备作业。

4）安全生产监管不到位。监理方和建设方对该工程的安全生产工作管理不到位，督促检查不到位，致使施工企业安全生产主体责任不能有效落实。

3. 事故处理

（1）对事故相关人员的处理意见

1）对项目部10号楼塔吊司机，由石家庄市建设局提请发证机关吊销其塔吊司机证，不得继续从事特种设备作业，并将其不良行为在建筑市场建立不良信用记录。

2）对建设单位总经理、副总经理、工程部经理；施工单位总裁、副经理、安全设备部经理、分公司设备安全科长、项目负责人、项目部执行经理、项目部专职安全生产管理员；监理公司总经理、项目总监、项目总监代表，分别由所在单位按照公司管理规定作出处理，并处以相应的经济处罚。由市建设局将其不良行为在建筑市场建立不良信用记录。

另外，对项目负责人、专职安全生产管理人员由发证机关吊销其相关资格证书；监理单位项目总监由发证机关吊销其注册监理工程师执业资格证书，5年内不予注册。

3）对建设、施工和监理单位董事长，由市建设局将其不良行为在建筑市场建立不良信用记录，并由有关部门处以相应的经济处罚。

（2）对事故单位的处理意见

1）对施工单位，由市建设局提请发证机关对其建筑业企业资质降低一级资质等级，暂扣其安全生产许可证90日；由市建设局将其清出该市建筑市场，并将其不良行为在建筑市场建立不良信用记录，并由有关部门处以相应的经济处罚。

2）对监理单位，由市建设局提请有关发证机关，责令其停业整顿3个月，责成其立即更换事故项目部总监，并将其不良行为在建筑市场建立不良信用记录。

3）对建设单位，由市建设局责令建设单位对事故项目工程进行全面整改。若整改不力或再次发生生产安全事故，则在其暂定资质证书有效期满后，不得延长有效期及核定相应的资质等级。并将其不良行为在建筑市场建立不良信用记录。

3.1.5 案例五 四川省南充市“6·21”塔吊倒塌事故（2010）

1. 事故简介

2010年6月21日上午9时3分，四川省南充市高坪区江东大道“天来豪庭”建筑工地在拆卸塔吊过程中，发生塔吊倒塌事故，造成 3 人死亡，1 人受伤。

2010 年 6 月 18 日，在监理例会上，建设单位和监理单位安排项目部拆卸塔吊，以方便做防水和景观工作。6 月 21 日 7 时 40 分左右，拆卸单位 6 人到达塔吊拆卸现场。上午 8 时 30 分，5 人上塔吊开始拆卸作业。首先由 2 人上到离操作平台约 2m 高处取下 8 根螺栓，后回到操作平台取出下面的 8 根螺栓，然后 2 人将取下的标准节推到引进平台，其中一人到操作平台 1m 高的地方去挂推出的标准节，刚挂好一头，突然塔吊起重前臂上翘，导致塔吊发生整体倾覆。事故现场见图 3-8、图 3-9。

图 3-8　四川省南充市“6・21”塔吊倒塌事故现场（一）

2. 事故原因

（1）直接原因

经现场勘察组技术鉴定：拆卸人员在撤出第一标准节后未将上部回转机构与下部塔身第二标准节用联结螺栓锁紧，并又将第二、第三标准节间联结螺栓全部撤除，造成塔臂以上部分与下部塔身无任何联结，当前臂小车收回准备吊卸第一标准节时，因前后臂力矩不平衡（后配重 10.5t），后臂力矩远大于前臂力矩，而发生前后臂及塔帽整体倾覆安全事故。

（2）间接原因

1）在塔吊拆卸施工前，未制定拆卸方案和安全施工专项措施，也未向总承包单位、监理单位报批；在拆卸塔吊施工过程中，未进行技术交底，使用无特种作业操作资格证书的人员。

2）监理公司未依法履行安全监理职责，未对安装（拆卸）单位资质和个人资格进行审核，未审核建筑起重机械拆卸工程专项施工方案；在多次安排施工方拆卸塔吊的工作后，未安排专人跟踪督促、现场监理，没有尽到安全监理的责任。

3）未签订专门的安全生产管理协议，在施工合同中也未明确双方安全生产职责、各自管理的区域范围作业场所安全生产管理内容；同时驻现场的项目经理无安全任职资格证书。

4）项目部在拆卸塔吊过程中，未依法审核拆卸方单位资质、拆卸人员资格情况，也未依法对塔吊拆卸工程专项施工方案和生产安全事故应急救援预案等进行审核，同时在拆卸时未进行技术交底。

图 3-9　四川省南充市“6・21”塔吊倒塌事故现场（二）

5）塔吊安装拆卸公司不具备塔吊安装拆卸资质，违法承揽塔吊安装拆卸业务；同时将安装拆卸塔吊的业务交给无安装拆卸资格的人员完成。

6）相关部门和单位安全监管不力。

3. 事故处理

（1）对事故相关人员的处理意见

1）塔吊拆卸人员在拆卸塔吊过程中违章操作，对事故负直接责任，鉴于其中 3 人已在事故中死亡，1 人在事故中受伤，免于责任追究。另 1 人无证作业，由建设主管部门依法处理。

2）对建设单位法定代表人、项目部执行经理，处以相应的经济处罚。

3）对塔吊拆卸方的负责人，移交司法机关追究其刑事责任。

4）对监理公司项目总监，由相关部门依法吊销其资格证书，并处以相应的经济处罚。

5）对建设局副局长、区建设工程安全监督站站长、安全监督员，给予行政记过处分。

（2）对事故单位的处理意见

1）对建设单位、施工单位、监理单位、设备租赁公司，由相关部门依法给予暂扣执业证照的行政处罚及相应的经济处罚。

2）对区政府、市建设工程质量监督管理站，责成其分别向市人民政府、市规划建设局作出书面检查。

3.1.6 案例六 吉林省长春市“8·31”塔吊倒塌事故（2010）

1. 事故简介

2010年8月31日9时30分许，吉林省长春市中冶长春新奥蓝城三期A标段51号楼工程，塔吊在拆卸过程中发生整体倾覆事故，造成4人死亡、1人重伤。

2010年8月31日6时许，拆卸负责人带4名工人到中冶长春新奥蓝城三期A标段51号楼工地，对塔吊进行拆卸作业。拆卸人员用氧气焊割断了51号楼10层处的塔吊附着，随后开始塔吊拆卸工作。9时30分许，工人拆卸完第一个标准节后，准备对塔顶进行收缸缓降时，塔顶突然整体急速下落，造成塔吊倒塌。4名在塔吊上作业人员从距地面约20m高的塔吊吊臂处坠落。同时，塔吊倒塌时刮碰到51号楼南侧进行外墙粉刷作业的吊篮，将正在吊篮内作业的工人刮落至地面，造成4人死亡、1人重伤。事故现场见图3-10、图3-11。

图3-10 吉林省长春市“8·31”塔吊倒塌事故现场（一）

图3-11 吉林省长春市“8·31”塔吊倒塌事故现场（二）

2. 事故原因

（1）直接原因

施工作业人员拆卸掉第一标准节，对塔吊进行滑降的过程中，收活塞杆应靠上支撑爬爪承受整个塔顶重量，但由于作业人员违章操作，爬升套架支撑销轴未进入爬爪正常位置，致使销轴误搭在支架壁上，其支架壁强度不足以支撑整个塔顶重量，导致一侧支架壁被撕裂使塔顶整体突然下落，重心偏移、塔身失稳，造成塔吊侧倾翻。

（2）间接原因

1）塔吊拆卸单位及个人不具备拆卸实力。工人没有特种设备作业上岗证，指挥员不具备指挥资格。

2）塔吊拆卸专项工程方案不完善、审批把关不严。

3）施工单位没有统一严格的安全管理制度，安全措施不落实，监理不到位。

3. 事故处理

（1）对事故相关人员的处理意见

1）对建设单位工程部负责人、项目经理、项目部现场负责人、项目总监，由各自所在企业依据内部管理规定对其进行处理。

2）对塔吊拆卸工程实际承包人，依法追究其刑事责任。

（2）对事故单位的处理意见

1）对塔吊安装公司，由建设主管部门依据有关法规规定，吊销其建筑业企业资质证书和安全生产许可证，并处以相应的经济处罚。

2）对建设单位、监理单位，由建设主管部门依照有关法律、法规，给予其相应的行政处罚。

3.1.7 案例七 北京市“11·12”塔吊倒塌事故（2010）

1. 事故简介

2010年11月12日17时35分左右，位于北京经济技术开发区科创6街（东区B3M3地块）某医药公司生产楼工程施工现场，在实施塔式起重机安装作业过程中，塔式起重机发生倾覆，造成安装人员3人死亡，2人受伤。

2010年11月10日，塔吊安装负责人带领临时雇用的人员进场实施立塔作业，当天完成了大臂、配重及9个标准节的安装。11日由于大风，现场停工一天。12日上午，安装负责人带领6名人员完成了油泵、大钩及爬升架的安装。13时30分左右，现场人员在拆卸地面上连体标准节螺丝后进行顶升作业。15时左右，队长离开塔式起重机安装现场外出后指定另一名工人负责现场指挥。17时35分左右，该工人指挥现场5名人员进行第11节标准节顶升作业，顶升过程中，塔式起重机突然失稳倒塌，将正在塔式起重机爬升架下方安装的3名作业人员砸压致死，2名爬升架上方作业人员摔下受伤。事故现场见图3-12、图3-13。

2. 事故原因

（1）直接原因

塔式起重机安装单位相关负责人未履行安全管理职责，在安装过程中未督促现场人员按照塔式起重机生产厂家提供的《使用说明书》要求安装，未将顶升横梁两端的轴头准确地放入踏步槽内就位并扶正即实施顶升作业，致使顶升横梁轴头从踏步上滑落，产生侧向

图 3-12　北京市“11·12”塔吊倒塌事故现场（一）

图 3-13　北京市“11·12”塔吊倒塌事故现场（二）

作用力。在侧向力的作用下，液压缸活塞杆端头发生脆性断裂，导致塔式起重机失稳倒塌，是本起事故发生的直接原因。

（2）间接原因

1）塔式起重机的租赁和安装单位任由个人挂靠使用其公司资质及安装人员资格承揽和实施塔式起重机安装作业；在该塔式起重机安装过程中，未实施有效的安全管理。

2）项目总包单位安全管理不到位，未按照《安装方案》及《施工现场起重机械拆装报审表》严格审查现场实际安装人员资格。在该塔式起重机安装过程中，未对顶升作业现场实施有效的监督和管理，未及时发现和消除安装现场存在的安全隐患。

3）工程监理单位未严格履行安全监理职责，未对现场实际安装人员资格严格审查，致使无特种作业资格的人员从事塔式起重机安装作业；未对安装单位执行建筑起重机械安装工程专项施工方案情况进行监督、及时发现和消除安装现场存在的安全隐患。

3. 事故处理

（1）对事故相关人员的处理意见

1）对项目部安全管理员，由建设主管部门给予其吊销执业资格的行政处罚。

2）对项目部生产经理，责成总包单位依法终止与其劳动关系。

3）对设备安装公司法定代表人、塔式起重机安装项目实际负责人，由司法机关依法追究其刑事责任。

4）对工程总监理工程师代表，由建设主管部门给予其停止执业资格6个月的行政处罚。

（2）对事故单位的处理意见

1）对施工总包单位，由建设主管部门给予暂扣其安全生产许可证90日的行政处罚，停止其扣证期间在北京建筑市场的投标资格，并处以相应的经济处罚。

2）对设备安装公司，由建设主管部门给予其吊销安全生产许可证的行政处罚。

3）对监理公司，由建设主管部门停止其在北京建筑市场投标资格30日，并处以相应的经济处罚。

3.1.8 案例八 浙江省临安市“4·16”塔吊倒塌事故（2011）

1. 事故简介

2011年4月16日9时30分左右，浙江省临安市衣锦人家二标建筑工地，作业人员在对塔吊进行顶升作业过程中，发生一起塔吊倒塌事故，造成5人死亡。

2011年4月，随着工程进度的推进，塔吊需要同步上升。4月16日8时左右，5名作业人员（3人没有特种作业人员操作证）按分工进行顶升作业，此次顶升是从35m升高到40m高度，需要增加2个标准节（第15、16标准节），每个标准节高2.5m。9时30分左右，完成了第15标准节的加节。当正在加第16标准节时，塔吊突然发生倒塌，顶升作业的5人随之坠落，因伤势过重抢救无效于当日全部死亡。

事故现场见图3-14、图3-15。

图3-14 浙江省临安市“4·16”塔吊倒塌事故现场（一）

图 3-15　浙江省临安市“4·16”塔吊倒塌事故现场（二）

2. 事故原因

（1）直接原因

塔吊产品质量存在严重缺陷。塔吊经过多次顶升后，两个顶升套架下横梁与爬爪座贴板焊缝热影响区先前存在的陈旧性贯穿裂纹突然进一步扩大，裂口承受不了塔吊上部的自重（27t），使爬爪倾斜划过标准节踏步外侧面，最后造成塔吊上部坠落发生倒塌事故。另外，现场作业人员安全意识淡薄，无证违章作业，也是事故发生的直接原因之一。

（2）间接原因

1）塔吊使用单位未委托有资质单位进行塔吊顶升，也未制订塔吊顶升专项施工方案。顶升前未对塔吊进行安全检查，对塔吊顶升作业的危险性认识不足，违规组织无特种作业操作资格证书的人员（3 人无证）进行顶升作业，作业过程中没有认真检查发现顶升套架下横梁与爬爪座贴板焊缝热影响区的裂纹，是事故发生的重要原因。

2）塔吊使用单位安全生产责任制不落实，项目部专职安全员长期不在施工现场，塔吊未配备定期检查维护保养人员，对作业人员安全教育培训不到位，塔吊存在的安全隐患排查不彻底、不到位，未及时消除安全生产事故隐患。

3）监理单位对项目部专职安全员长期不到位情况未能认真监督落实，使用无证人员进行现场监理，对塔吊安装人员持证和安装专项方案审查把关不严，未及时制止违规顶升塔吊作业行为，对施工单位顶升作业监督及作业现场安全监管不到位。

3. 事故处理

（1）对事故相关人员的处理

1）塔吊维保员、塔吊司机及作业人员，对这起事故的发生负有直接责任，应由司法机关依法追究其刑事责任，但鉴于 5 人已在事故中死亡，不予追究。

2）对项目部副经理，由司法机关依法追究其刑事责任。

3）对施工单位总经理、副总经理，处以相应的经济处罚。

4）对监理公司总监，由建设主管部门暂停参与政府投资项目工程投标活动 6 个月。

（2）对事故单位的处理意见

1）对施工单位，由有关部门依照有关法律法规给予相应的行政处罚。

2）对塔吊制造单位，由有关部门提请发证机关吊销其安全生产许可证和塔吊型号QTZ80产品的生产许可证。

3）临安市建设局向临安市政府作出书面检查。临安市政府向杭州市政府作出书面检查。

3.1.9 案例九 湖南省长沙市“5·25”起重伤害事故（2011）

1. 事故简介

2011年5月25日15时左右，湖南省长沙市在建的湘府路湘江大桥发生一起起重伤害事故，造成3人死亡，2人受伤，直接经济损失219.3万元。

2010年12月9日，施工单位项目部与租赁单位签订起重设备租赁合同书，双方约定由租赁单位租赁给项目部1台50吨的履带起重机。12月10日，租赁单位安排一台履带起重机进入施工现场。2011年5月25日14时10分，按照路桥项目部的工作安排，该项目部河东筑桥桩基下部构造作业班班长带领10名工人到E0桥墩拆除墩身的钢模板。其中5名工人站在桥墩西面约11m高的外架上拆卸钢模板，另5名工人在桥墩顶部绑扎钢筋。在起吊过程中，为了保证钢模板在起吊上升过程中保持平稳，5名工人中，有4人拆掉了安全带固定在架管一端的锁扣，用手护着钢模板顺着架管往上爬。当钢模板上升到超出桥墩近2m的高度时，副钩钢丝绳突然断裂，钢模板坠落砸到外架上，外架上的5名工人随之全部坠落地面。

事故现场钢丝绳断裂见图3-16，副钩钢丝绳取样样品见图3-17。

图3-16 事故现场钢丝绳断裂

2. 事故处理

（1）直接原因

1）起重机出租单位忽视安全生产的基本要求，当操作人员将起重机角度传感器损坏的问题向其反映后，没有及时采取必要措施解决设备故障；起重机操作人员安全意识淡

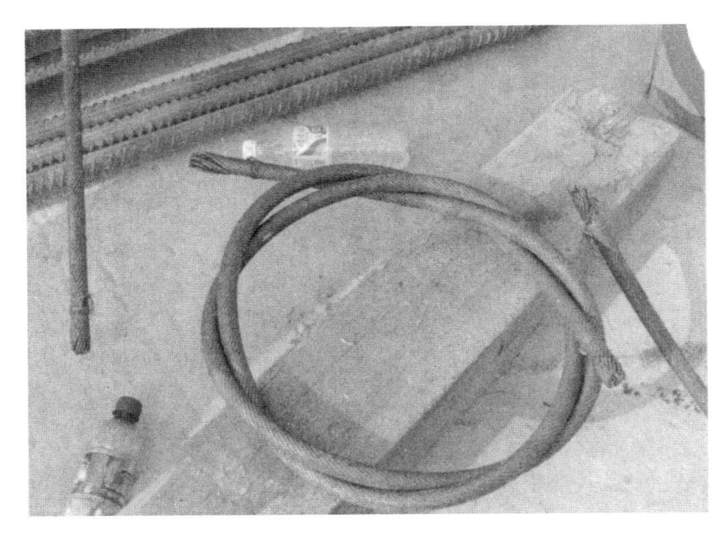

图 3-17　副钩钢丝绳取样样品

薄，在起重机角度传感器损坏无法正常作业的情况下，违规打开控制检修开关进行起重作业，导致高度限位系统不能发挥保护作用，为事故的发生埋下了严重的安全隐患。

2）起重机操作人员违规操作，在进行起重作业时没有集中精力关注吊钩的上升高度，戴着耳机难以听见对讲机传来的指挥口令，当指挥员和现场作业工人在连续大声发出警告后，仍然操作副钩继续上升。由于高度限位器不能发挥作用，导致副钩上升超过上限高度，直至钢丝绳卡碰到滑轮，使钢丝绳脱槽甩落在起重机鹅头架上撑杆与臂架连接板之间的“Y”字形拐角处，造成钢丝绳与钢结构件剧烈摩擦，导致钢丝绳断裂引发事故（经技术鉴定，钢模板重量为 2.36t，而副吊钢丝绳可以承受的重量为 26.3t）。

（2）间接原因

1）项目部未按照《建筑施工安全检查标准》的要求组织对租赁起重机的限位系统进行检查，未及时发现起重机角度传感器已经损坏和操作人员长期违规使用检修控制开关操作起重机进行强制作业的危险行为；施工现场管理不严，对 E0 号桥墩拆模的危险作业，未按照《建设工程安全生产管理条例》（国务院令第 393 号）的要求安排专职安全生产管理人员到现场进行监督管理，未发现操作人员戴耳机进行起重作业的违规行为；现场安全防护措施不到位，未搭设安全兜底平网，工人在进行高处作业时，未按要求将安全带可靠固定。

2）监理人员未认真履行安全监理责任，在 E0 桥墩进行拆模作业时，未按照有关规定进行现场监理；对起重机的使用情况检查监督不严，未发现设备长期带故障运行及操作人员长期违规使用检修控制开关操作起重机进行强制作业的危险行为；在发现 E0 桥墩没有搭设安全平网的问题后，未及时督促施工单位整改到位。

3）建设单位现场施工管理人员未认真履行好工作职责，未能及时发现和消除存在的重大生产安全隐患。

3. 事故处理

（1）对责任人员的处理

1）对起重机操作人员，依法追究刑事责任，并吊销其起重机械作业资格证。

2）对建设单位项目部现场代表、项目部经理、常务副经理、施工安全员、作业班班长、监理单位项目总监、监理员，由有关部门依照《生产安全事故报告和调查处理条例》等有关规定和要求予以处罚。对项目部机料处处长，由其所在公司依照内部规定严肃处理。

（2）对相关单位的处理建议

1）对施工单位、起重机租赁单位，由有关部门依照《生产安全事故报告和调查处理条例》等规定予以处罚。

2）对市建筑安监站、建设单位，责令其向市安委办、市人民政府作出书面检查。

3.1.10 案例十 内蒙古呼和浩特市“6·12”塔吊倾倒事故（2011）

1. 事故简介

2011年6月12日15时23分，内蒙古自治区呼和浩特市国际金融大厦工地，一塔吊在安装过程中，发生平衡臂倾倒事故，造成5人死亡。

2011年6月11日10时在工地负责人的指挥下，没有取得建筑施工特种作业操作资格证的5名工人安装塔吊的第一节架和两节已装配好的标准节架、套架、液压内缸、套架一节架及回转总成。6月12日继续安装塔帽、平衡臂、驾驶室和两块A型配重，因平衡臂方向不利于安装前臂，安装人员对平衡臂（平衡臂距地面20m）进行旋转，调整安装前臂的角度。当平衡臂旋转到正北方向时，塔身内套架发生倾斜折断，站在平衡臂上的5名安装人员随平衡臂、塔帽坠地，当场死亡2人，另外3人经医院抢救无效相继死亡。

事故现场见图3-18、图3-19。

图3-18 内蒙古呼和浩特市“6·12”塔吊倾倒事故现场（一）

2. 事故原因

（1）直接原因

1）该塔在完成塔吊基础以上的塔身一节架、两个标准节架、内套架、液压缸与内套一节架的安装后，应按照该塔吊使用说明书规定，必须用高强螺栓将内套一节架、内外塔连接件和塔身标准节架连接紧固。但根据现场查验，内套架与标准节之间并未安装内外塔连接件。现场取证时，也没有发现断裂的高强螺栓，而且内套架与标准节架连接螺栓孔也没有受到损伤，从而认定内套架与标准节之间没有安装高强螺栓紧固。

图 3-19　内蒙古呼和浩特市“6·12”塔吊倾倒事故现场（二）

2）汽车吊在上述情况下安装塔吊回转机构总成和驾驶室塔身，接着又安装了两块配重。该塔吊使用说明书规定：在没有安装起重大臂之前进行平衡臂上平衡配重的安装规定重量为 4500kg，以保证在安装起重大臂时，塔吊能保持平衡状态，避免发生倒塔事故。经现场查验，坠落在地的两块配重为 A 型，每块重量为 2500kg，两块配重总重量 5000kg，超过规定配重 500kg，超重安装 11%。

3）在已处于极度危险的情况下，为了满足汽车吊安装起重大臂的起重力矩要求，安装人员严重违规，采取旋转平衡臂的方法，为安装起重大臂调整角度，当平衡臂旋转至塔吊正北方向停车时，停车惯性与重力加速度产生的冲击力影响，使塔吊内套架不能承受平衡臂的倾覆力矩，导致弯折，平衡臂与配重坠地，并由拉杆拉动塔帽与驾驶室倾翻。

4）违规作业、违章操作、违章指挥。

（2）间接原因

1）北京某商贸有限公司与北京某建筑工程有限公司机运分公司违规签订《塔式起重

机拆装合作协议书》，挂靠其资质进行塔吊安装。塔吊安装过程中未对现场进行管理，也没有及时发现工人没有取得建筑施工特种作业操作资格证，并及时制止其违法进行塔吊安装的行为。

2）北京某建筑工程有限公司机运分公司，违规签订《塔式起重机拆装合作协议书》，将塔吊安装资质等资料提供给该商贸公司，未对塔吊安装现场进行监管，向其提供空白、盖公章的安全技术交底表，塔吊基础验收不符合《建筑起重机械安全监督管理规定》的要求，弄虚作假。

3）总承包单位与没有塔式起重机安装资质的公司违规签订《塔式起重机安装、运行、拆卸安全协议书》，没有认真核实塔吊基础验收记录表中安装单位负责人身份；未对安全技术交底的交底人、被交底人的签名进行认真审核确认；未对塔吊安装现场进行监管，致使5人冒名顶替安装塔吊；未对安装塔吊过程中违反塔吊安装操作规程、违章作业、未系安全带等行为加以制止，未尽到安全管理职责。

4）监理单位对塔吊安装资料未认真审核，未对塔吊安装现场进行有效监管，没有严格对安全技术交底的交底人、被交底人进行认真审核确认，未对塔吊安装过程中违反塔吊安装操作规程、违章作业、未系安全带等行为加以制止，未尽到监理职责。

5）行业的监管部门，没有认真履行安全生产监管职责，未对塔吊安装现场进行有效监管，管理上存在漏洞。

3. 事故处理

（1）对事故相关人员的处理意见

1）对施工总包单位法定代表人、项目经理、监理单位法定代表人、项目总监、专业监理工程师，处以相应的经济处罚。

2）对项目部安全总监，处以相应的经济处罚，并由公安部门对其立案调查。

3）对塔吊租赁单位法定代表人、公司总经理、塔吊安装单位负责人，处以相应的经济处罚；对生产部经理由公安机关进行立案调查。

4）对市建筑劳动安全监督站站长、副站长及相关处室负责人分别给予通报批评、警告处分及行政记过处分等。

（2）对事故单位的处理意见

1）对施工总包单位、塔吊租赁单位、塔吊安装单位、监理单位，处以相应的经济处罚，并对塔吊安装单位由相关部门降低其起重机械设备安装资质。

2）对市建筑劳动安全监督站，责成其向市人民政府作出深刻检查。

3.1.11 案例十一 内蒙古巴彦淖尔市“7·10”塔吊拆卸事故（2011）

1. 事故简介

2011年7月10日上午10时30分，内蒙古自治区巴彦淖尔市临河区健康新家园二期工程项目部B11号楼施工现场发生一起塔吊拆卸事故。事故造成3人死亡，1人受伤。

2011年7月9日，巴彦淖尔市健康新家园二期工程项目部B11号楼栋号长在未请示项目部负责人也未经监理公司审查同意的情况下，擅自决定拆除位于B11号楼和B8号楼之间共用的一台塔吊。10日6时30分作业开始前，B11号楼栋号长和架子班班长在未检查作业人员是否持有特种作业资格证的情况下让他们登上塔吊开始拆除作业。10日10时30分左右，在拆除过程中，整个塔吊突然向东倾倒，三名拆卸塔吊的施工人员和塔吊操作室一同坠落地面，造成 2 名作业人员当场死亡，2 人受伤，其中 1 人因伤势过重经抢救无效死亡。

事故现场见图 3-20、图 3-21。

图 3-20　内蒙古巴彦淖尔市“7·10”塔吊拆卸事故现场（一）

图 3-21　内蒙古巴彦淖尔市“7·10”塔吊拆卸事故现场（二）

2. 事故原因

（1）直接原因

1）塔吊拆卸人员违章作业，在拆卸第三节标准节过程中，吊钩吊运第二节标准节时未按设备使用说明书工序要求进行，提前拆除了第三节与第四节标准节的七个连接螺栓（仅东南角保留一个，紧固螺母也已松开），进行顶升作业，致使塔吊平衡臂失稳坠落。

2）工地负责人违章指挥，对拆除塔吊的危险性认识不足，在未经项目部负责人同意也未经监理人员审批的情况下，擅自指挥无证人员从事塔吊的拆卸工作，也是事故发生的直接原因之一。

（2）间接原因

1）未按规定要求对从业人员进行安全教育培训，现场安全管理人员未经培训考核取得安全合格证，特种作业人员未取得资格证便从事高危作业，致使操作人员安全意识淡薄，基本安全知识缺乏，现场管理人员违章指挥。安全防范意识和识别风险能力低。

2）安全生产管理制度、安全生产责任制和岗位操作规程不健全、不完善，未及时补充和修订，虽然建立了上述制度、规程但没有严格贯彻落实，致使“三违”行为时有发生。

3）安全检查不及时不到位，不严格不细致，安全记录台账没有按要求填写，施工现场安全生产存在许多盲区和死角，为事故的发生埋下了祸根。

4）虽然编制了施工组织设计与专项安全施工方案和塔吊安全施工方案，但在实际工作中落实不够，且具体施工作业的安全技术交底工作不细（未见到塔吊拆装技术交底记录），致使作业人员对安全操作内容没有深刻领会。

5）未为从业人员提供必要的劳动防护用品，在高处从事塔吊拆卸的危险作业操作人员仅佩戴了安全帽，且也未按规定使用，其他如安全带、防滑鞋等必备防护用品均未配备。

6）监理单位对现场的安全生产工作监理不到位，工作中存在缺位现象，对拆卸塔吊作业中的事故隐患没有及时发现并消除。

7）行业监管部门对其直管建设工程项目的安全监管不够也不力，监督检查不严不细不到位，安全教育培训把关不严，人员资格证书发放不规范，审核不严（对监理人员重复发证），未履行建筑起重机械安装拆卸告知程序。

3. 事故处理

（1）对事故相关人员的处理意见

1）B11号楼栋号长、架子组负责人对事故的发生负有直接责任，对其移送司法机关进行处理。

2）对项目经理，由公司免去其职务，并由相关部门处以相应的经济处罚。对项目安全员，由建设主管部门吊销其安全员证书，并由所在公司将其开除。对施工单位总经理，由相关部门处以相应的经济处罚，并责成其向建设主管部门和市安委会作出深刻书面检查。

3）对项目总监，由建设主管部门吊销其个人监理资格证书，且五年内不得注册。对于监理单位公司法人及总经理，由相关部门处以相应的经济处罚，撤销监理公司总经理的职务，且在5年内不得担任任何生产经营单位的主要负责人。

4）对市住房和城乡建设委员会副主任、市建筑业管理科科长、市工程建设科科长、市安监站站长、安监站工作人员，由监察部门依据有关规定，给予住房和城乡建设委员会副主任和工程建设科科长行政警告处分，建筑业管理科科长和安监站站长行政记过处分，安监站工作人员行政记大过处分。

（2）对事故单位的处理意见

1）对施工总包单位，由建设主管部门将其资质等级降至三级，并处以相应的经济处罚。

2）对监理单位，由建设主管部门吊销其建筑工程监理乙级资质，并处以相应的经济处罚。

3）对市住房和城乡建设委员会，在全市范围内通报批评，并向市安全委员会作出书面检查。

3.1.12 案例十二 广东省惠州市“9·20”塔吊倒塌事故（2011）

1. 事故简介

2011年9月20日17点30分，位于广东省惠州市大亚湾经济技术开发区（以下简称大亚湾区）亚迪二村A区7号楼塔吊在顶升作业时，塔吊起重机部分发生坍塌，事故共造成4人死亡，直接经济损失约355万元。

2011年9月19日，机电工长电话通知工程部主管，要求20日派人到亚迪二村A区7号楼进行塔吊顶升。20日上午，该主管按通知要求派了4名安装拆卸工对7号楼塔吊顶升作业。考虑到上午风大，没有允许员工对塔吊进行顶升作业。下午，在公司没有派工计划的情况下，主管带领塔吊司机、安装工进入亚迪二村7号楼准备实施塔吊顶升作业，后被发现并要求做安全技术交底后才能进行顶升作业。同时，主管通知安全员来现场拍照，做安全技术交底工作。当时由于司机要进行物料机的吊装工作，提前上了驾驶室。16时30分许，吊装作业和顶升作业区域清场工作基本完成，开始对塔吊进行顶升作业。17时30分许，在海边瞬时强阵风作用下，正在顶升的塔吊上部起重机部分失去平衡倾斜坍塌，致使上部起重机部分（塔吊总高度89.8m）及4名作业人员从高处坠落，起重机部分在离塔身西侧偏北7m处着地，平衡臂尾部砸穿地下室楼面。

事故现场见图3-22、图3-23。

图3-22 广东省惠州市“9·20”塔吊倒塌事故现场（一）

2. 事故原因

（1）直接原因

施工单位违反《塔式起重机安全规程》（GB 5144—2006）第6条第7款的强制性规定，在塔式起重机上没有安装风速仪，使塔吊不具备《使用说明书》中明确的“风速在4级以上时，必须停止顶升工作”的警报功能，致使安装拆卸工等4人在风速超过4级时，

图 3-23　广东省惠州市“9·20”塔吊倒塌事故现场（二）

仍然违章指挥，冒险作业，造成塔式起重机失衡并倾斜坍塌，直接导致 4 名作业人员高空坠落死亡。

（2）间接原因

1）施工公司安全生产投入不落实，安全管理不到位。塔式起重机没有安装风速仪，顶升作业时没有按规定派出专门人员进行安全管理。

2）监理公司安全管理不严格，技术材料审查走过场。安全技术交底材料中的风速超过 6 级，塔吊停止顶升作业，违反国家安全技术标准和塔吊《使用说明书》的技术要求。

3）安全管理员履职尽责意识差，安全隐患排查不到位。在《检验报告》中已明确“无风速仪”为整改项目，三方有关人员未到现场复查整改，擅自在《施工现场检验通知书》加盖公章，提供已经整改意见。

4）开发区工程建设安全监督站监管不到位，有关资料审查不严格，在出具《广东省建筑施工起重机械使用登记牌》时没有对风速仪整改项进行现场检查，存在监管漏洞。

3. 事故处理

（1）对事故相关人员的处理意见

1）对总包单位项目经理，由建设主管部门吊销执业资格证书，5 年内不予注册，并由相关部门处以相应的经济处罚。

2）对总包单位项目部安全主任、安全员、机电工长；塔吊安装单位总经理、法人代表，现场安全负责人、安全员、资料员；监理单位总经理、副总经理、项目总监、监理员，由相关部门处以相应的经济处罚。对项目总监，由建设主管部门吊销其执业资格证书，5 年内不予注册。

3）对塔吊安装单位技术负责人，由建设主管部门暂扣其执业资格证书三个月，并由相关部门处以相应的经济处罚。

4）对建设单位项目经理，由所在单位按内部有关规定进行处理。

5）对区安监站监督员，由大亚湾区纪检监察部门给予其行政记大过处分。

6）对区住房和规划建设局党组成员、分管安监站的责任人，区安监站站长、主要负责人，由大亚湾区纪检监察部门给予诫勉谈话。

（2）对事故单位的处理意见

1）对施工总承包单位，由建设行政主管部门暂扣其《安全生产许可证》三个月，并由相关部门处以相应的经济处罚。

2）对塔吊安装单位，由建设行政主管部门暂扣其《资质证书》和《安全生产许可证》三个月，并责令其停业整顿，同时由相关部门处以相应的经济处罚。

3）对监理单位，由相关部门处以相应的经济处罚。

4）对大亚湾区住房和规划建设局，由市住房和城乡规划建设局对该局给予通报批评。

3.1.13 案例十三　湖北省武汉市“11·26”起重伤害事故（2011）

1. 事故简介

2011 年 11 月 26 日上午 9 时许，位于武昌区民主路的南国悦公馆工程工地塔吊在起吊布料机时起重钢丝绳发生断裂，造成吊物坠落砸向下方的作业人员，导致 4 人死亡。事故直接经济损失约 295.3 万元。

11 月 26 日上午 9 时许，施工现场作业人员拟将放置在地面的混凝土布料机吊到施工层（第 29 层）。现场人员将 2 根挂在吊钩上的吊索钢丝绳在混凝土布料机上进行绑扎后，用手势向塔吊指挥发出起吊信号。塔吊指挥通过对讲机向塔吊司机发出起吊指令，司机接到起吊命令后开始起吊作业。塔吊低速起吊约 1.5m 后高速起吊至高 15m，又增加了小车收幅和旋转大臂 2 个联合操作动作。当布料机升至约 45m 高度时，布料机前端的一根吊索钢丝绳突然断裂，紧接着另一根吊索钢丝绳脱钩，导致布料机从高空坠落，造成下方的 4 名作业人员被砸身亡。

事故现场见图 3-24，钢丝绳断裂见图 3-25。

图 3-24　湖北省武汉市“11·26”起重伤害事故现场

2. 事故原因

（1）直接原因

存在质量缺陷的钢丝绳在起吊物件时发生断裂，加之钢丝绳缠绕在物件锐角处，加剧了钢丝绳的断裂，导致起吊物因钢丝绳断裂后坠落，砸向下方的作业人员。

图 3-25 钢丝绳断裂

（2）间接原因

1）劳务分包单位违反施工有关安全规定，非专业人员组织吊运作业，导致起吊前钢丝绳的绑扎不符合安全规范，起吊时起吊物的下方存在交叉作业。

2）施工总承包单位南国悦公馆工程项目部对购置的钢丝绳在使用前检查和审验不到位，对起吊作业现场督促安全管理不到位。

3）工程监理项目部履行监理职责不力，危险作业现场无监理人员实施监理。

4）建设单位对施工现场存在的不同单位和工程项目交叉作业现象疏于督导、协调和管理。

3. 事故处理

（1）对事故相关人员的处理

1）总包单位项目部材料员、劳务分包单位泥工班长，对事故负有重要责任，予以开除处理。

2）对总包单位项目经理、现场负责人、监理单位项目总监，由市建管部门上报省住房和城乡建设厅暂扣其执业资格证书；记入全市建筑市场不良行为记录与公布 12 个月。

3）对劳务分包单位主要负责人、现场负责人，上报省住房和城乡建设厅暂扣其执业资格证书；记入全市建筑市场不良行为记录与公布 24 个月。

4）建设单位项目负责人，对工程施工单位和现场督促安全管理不到位，记入全市建筑市场不良行为记录与公布 12 个月。

（2）对事故单位的处理意见

对劳务分包单位，记入全市建筑市场不良行为记录与公布 24 个月，同时处以相应的经济处罚。

3.1.14 案例十四 河北省秦皇岛“9·5”施工升降机吊笼坠落事故（2012）

1. 事故简介

2012 年 9 月 5 日 11 时 50 分，河北省秦皇岛市达润·时代逸城四期工程 15 号楼施工升降机吊笼发生坠落事故，造成 4 人死亡，直接经济损失 430 万元。

达润·时代逸城四期工程 15 号楼外用升降机于 2012 年 8 月 11 日开始安装，至 8 月

26 日安装到第 10 层，高约 35m。因升降机没有安装完毕，卸料平台没有搭设，使用手续未办理，不具备使用条件。2012 年 9 月 5 日上午 9 时，工长调来 2 名工人铺设 15 号楼外用升降机吊笼入口平台。并安排他们看守，不让任何人随意动升降机。大约 11 时 50 分左右 15 号楼木工班组 4 名工人吃完午饭后提前上班，看到升降机在一层停滞，就要使用升降机上楼，看守人员出面制止，他们不听劝阻，态度强硬，执意乘电梯，并将卡在吊笼门的木头方子拽出来。先有 3 名工人进入，后又有一名跑步进入，关门后开动电梯，1 分钟左右升降机吊笼冒顶坠落，导致事故的发生。

事故现场见图 3-26、图 3-27。

图 3-26　河北省秦皇岛“9・5”施工升降机吊笼坠落事故现场（一）

图 3-27　河北省秦皇岛“9・5”施工升降机吊笼坠落事故现场（二）

2. 事故原因

（1）直接原因

施工单位木工班组施工人员不听劝告，擅自使用未安装完毕的升降机。

（2）间接原因

1）企业安全教育培训工作不到位，未按照国家有关规定对职工进行三级安全教育培训，职工安全意识淡薄，违章使用未安装完毕并未经安全验收合格的施工升降机。

2）安全防护不到位。在15号楼施工升降机安装未完成且未投入使用前，企业对施工升降机未采取有效的安全防护措施，导致职工擅自进入并使用施工升降机，而发生安全事故。

3）施工升降机在安装过程中存在缺陷，未采用防止越程的装置和措施，同时安全防护装置也未安装到位。

3. 事故处理

（1）对相关责任人的处理

1）对于施工单位副总经理、安全科长、项目经理、生产经理、现场安全员、监理单位项目总监、监理员，由公司按照内部有关规定给予处罚。

2）对于电梯安装项目负责人，由行业主管部门吊销其资格证书，并由所在公司按照企业有关规定给予处罚。

3）对于施工单位公司董事长、法人；施工升降机安装单位总经理，处以相应的经济处罚。

4）对于市建设工程安全监理站站长、副站长及监督科长，分别给予行政警告处分、诫勉谈话及作出书面检查等处罚。

（2）对相关单位的处理

对于施工单位、监理单位，处以相应的经济处罚。

3.1.15 案例十五 湖北省武汉市“9·13”施工升降机坠落事故（2012）

1. 事故简介

2012年9月13日13时10分许，武汉市东湖生态旅游风景区东湖景园还建楼（以下称“东湖景园”）C区7-1号楼建筑工地，发生一起施工升降机坠落事故，造成19人死亡，直接经济损失1800万元。

9月13日11时30分许，升降机司机将东湖景园C7-1号楼施工升降机左侧吊笼停在下终端站，按往常一样锁上电锁拔出钥匙，关上护栏门后下班，并按正常作息时间（11时30分至13时30分）到宿舍午休。当日13时10分许，19名工人提前上班，准备到该楼顶楼进行装修施工，由于电梯司机尚未提前到岗，这部分急于上班的工人擅自将停在下终端站的C7-1号楼施工升降机左侧吊笼打开，携带施工物件进入左侧吊笼，然后在没有钥匙的情况下强行操作施工升降机上升。该吊笼运行至33层顶楼平台附近时突然倾翻，连同顶部4节标准节一起坠落地面，造成吊笼内19名工人当场死亡。

事故现场见图3-28、图3-29。

2. 事故原因

（1）直接原因

事故发生时，事故施工升降机导轨架第66和第67标准节连接处的4个连接螺母脱落，无法受力。在此工况下，事故升降机左侧吊笼超过备案额定承载人数（12人），承载19人和约245kg物件，上升到第66节标准节上部（33楼顶部）接近平台位置时，产生的倾翻力矩大于对重体、导轨架等固有的平衡力矩，造成事故施工升降机左侧吊笼顷刻倾

图 3-28　湖北省武汉市“9·13”施工升降机坠落事故现场（一）

图 3-29　湖北省武汉市“9·13”施工升降机坠落事故现场（二）

翻，并连同第 67～70 标准节坠落地面。

（2）间接原因

1）总承包单位管理混乱：该单位将施工总承包一级资质出借给其他单位和个人承接工程；总包单位使用非公司人员的资质证书，在投标时将其作为东湖景园项目经理，安排其实际参与项目投标和施工管理活动；安全生产责任制不落实，未与项目部签订安全生产责任书；安全生产管理制度不健全、不完善；培训教育制度不落实，未建立安全隐患排查整治制度；对东湖景园施工和施工升降机的安全生产检查和隐患排查流于形式，未能及时发现和整改事故施工升降机存在的重大安全隐患。

2）东湖景园 C 区施工项目部安全责任未落实：该项目部现场负责人和主要管理人员

非总包公司人员，现场负责人及大部分安全人员不具备岗位执业资格；安全生产管理制度不健全、不落实，在东湖景园无《建设工程规划许可证》、《建筑工程施工许可证》、《中标通知书》和《开工通知书》的情况下，违规进场施工，且施工过程中忽视安全管理，现场管理混乱，并存在转包行为。

3）建设管理单位不具备工程建设管理资质：该管理单位在东湖景园无《建设工程规划许可证》、《建筑工程施工许可证》和未履行相关招投标程序的情况下，违规组织施工单位、监理单位进场开工。未经规划部门许可和放、验红线，擅自要求施工方以前期勘测的三个测量控制点作为依据，进行放线施工；在《建筑规划方案》之外违规多建一栋两单元住宅用房；在施工过程中违规组织虚假招标投标活动。该管理单位未落实企业安全生产主体责任，未与项目管理部签订安全生产责任书；安全生产管理制度不健全、不落实，未建立安全隐患排查整治制度。

4）监理单位安全生产主体责任不落实：该项目监理单位未与分公司、监理部签订安全生产责任书，安全生产管理制度不健全，落实不到位；公司内部管理混乱，对分公司管理、指导不到位，未督促分公司建立健全安全生产管理制度；对东湖景园《监理规划》和《监理细则》审查不到位；使用非本公司人员的资格证书，安排不具备执业资格的人担任项目监理人员；安全管理制度不健全、不落实，在项目无《建设工程规划许可证》、《建筑工程施工许可证》和未取得《中标通知书》的情况下，违规进场监理；未依照相关规定督促相关单位对使用升降机进行加节验收和使用管理，也未参加验收；未认真贯彻相关文件精神，对项目安全生产检查和隐患排查流于形式，未能及时发现和督促整改事故施工升降机存在的重大安全隐患。

5）建设单位违反有关规定：该项目建设单位选择无资质的项目建设管理单位；对项目建设管理单位、施工单位、监理单位落实安全生产工作监督不到位。

6）建设主管部门武汉市城乡建设委员会作为全市建设行业主管部门，虽然对全市建设工程安全隐患排查、安全生产检查工作进行了部署，但组织领导不力，监督检查不到位。上述问题是导致事故发生的重要原因。

3. 事故处理

（1）相关责任人的处理

1）对施工项目部现场负责人、内外墙粉刷施工负责人、安全负责人、安全员，设备产权安装维护单位总经理、施工升降机维修负责人，建设管理单位项目部负责人，监理公司监理部总监代表，武汉市人民检察院以涉嫌重大责任事故罪予以批捕。

2）对施工单位董事长，给予其罢免区人大代表资格，留党察看一年的处分。

3）对施工单位总经理，给予其留党察看一年的处分。

4）对武汉市新洲区人大代表，施工公司股东、党委书记，工程实际承包人，罢免其区人大代表资格，移送司法机关处理。

5）对设备租赁公司副总工程师（履行总工程师职责），给予其党内严重警告处分。

6）对建设管理单位董事长、总经理，区建筑管理站和平分站安全监管员，移送司法机关处理。

7）对区建筑管理站和平分站副站长、总工程师（原分站站长），依法予以行政撤职，留党察看一年的处分。

（2）对相关单位的处理：

责成省住房和城乡建设厅依照法律法规对建设管理单位、施工单位、监理单位、设备产权和安装维护单位资质从严作出处理，并将结果抄报省监察厅、省安监局。

3.1.16 案例十六 浙江省杭州市“12·24”施工升降机吊笼坠落事故（2012）

1. 事故简介

2012年12月24日14时40分左右，浙江省杭州市萧山区绿都苑四期工程17号楼发生一起施工升降机吊笼坠落事故，造成3名维修人员死亡，直接经济损失280.5万元。

12月23日上午8时许，架子工（无施工升降机操作证书）操作17号楼施工升降机运送脚手架钢管，升降机因突发故障停靠在28层。施工现场安全负责人知情后，通知施工设备管理负责人联系修理人员。修理人员（无资格）到场修理。当日修理两次未能排除故障，认为需要更换防坠器。24日下午2时30分左右，此名修理人员带领3人到达修理现场。负责人在办公室电告安全员新防坠器放在升降机底座旁边。4人抬着新防坠器（重约50kg）乘坐室内电梯到达28层升降机旁边，相继进入升降机吊笼内准备更换防坠器，其中1人因临时有事离开。更换过程中，施工升降机吊笼突然从28层（高73m）坠落地面，3名维修工送医院抢救无效死亡。

事故现场见图3-30、图3-31。

图3-30 浙江省杭州市“12·24”施工升降机吊笼坠落事故现场（一）

2. 事故原因

（1）直接原因

维修人员无证作业，在未查明升降机吊笼无法下降原因时，错误地判定吊笼防坠器发生故障；在吊笼无配重、维修人员未对制动器性能进行检查确认的情况下，盲目在高空中拆除更换防坠器，是导致事故发生的直接原因。

（2）间接原因

1）聘用不具备维修施工升降机资格的修理人员维修施工升降机：项目部聘请的4名修理人员既没有维修资格（无法提供资质证书），又不是维修协议单位的维修人员。

图 3-31　浙江省杭州市“12·24”施工升降机吊笼坠落事故现场（二）

2）施工现场安全管理不到位：该公司项目部未能及时维护保养施工设备，在 12 月 15 日发现配重钢丝绳断裂失去配重的情况下，仍由无升降机操作资格证的架子工继续使用升降机，而且升降机维修现场没有安全管理人员、没有安全防护设施。

3）施工现场监理单位安全监督不到位：该项目监理公司对施工现场隐患督查不力，未能发现并及时制止项目部违规使用待拆的施工升降机。

3. 事故处理

（1）对事故相关人员的处理意见

1）对项目部施工现场安全负责人、设备管理负责人，由司法机关依法追究其刑事责任。

2）对项目部负责人，由施工单位根据公司安全生产责任制规定给予相应的处分。

3）对于项目总监，由建设主管部门给予暂停参与政府投资项目的工程投标资格 9 个月的处罚。

（2）对事故单位的处理意见

1）对设备出租单位，由相关部门给予行政处罚。

2）对监理单位，由建设主管部门给予暂停其参与政府投资资格 2 个月的处理。

3.2　建筑起重机械事故发生的特点

建筑起重机械是工程施工中必不可少的关键设备，随着建筑业的高速发展，施工机械化程度也越来越高，施工现场使用的建筑起重机械的数量也越来越多。多年来建筑起重机械一直是各级住房城乡建设主管部门安全监管的重点。建筑机械事故具有很鲜明的特点，这是因为建筑起重机械属于特种设备，因设备本身和外在因素影响极容易发生事故，而且一旦发生事故往往是群死群伤事故，在建筑施工较大及以上事故中所占比例也比较大。据统计，2010～2012 年，全国共发生建筑施工较大及以上生产安全事故 84 起，死亡 350 人，其中起重机械较大及以上事故 32 起，约占 38.10%，死亡 129 人，约占 36.86%。另外，建筑起重机械重大事故多为施工升降机事故，如湖北省武汉市“9·13”施工升降机坠落事故，死亡人数19人；湖南省长沙市“12·27”施工升降机吊笼坠落事故，死亡人数18人。起重机械事故还有一个明显的特点，就是起重机械安拆、顶升和维修阶段发生事故的比例较高。本节选取的16起建筑起重机械较大及以上生产安全事故中，有12起是塔式起重机倒塌事故，4起是施工升降机坠落事故。对其发生的时段分析可以看出，塔式起重机倒塌事故主要发生在塔吊安装、拆卸和顶升阶段，施工升降机事故主要发生在作业及维修阶段。

3.3 建筑起重机械事故原因分析

3.3.1 施工安全技术问题

1. 建筑起重机械安装拆卸和顶升作业存在违规行为

起重机械安装拆卸及顶升过程是发生事故的高风险阶段。一些安拆单位在安装拆卸、顶升起重机械设备时，违反有关技术标准规范和操作规程，或者没有按照厂家提供的起重机械说明书的有关要求进行作业，最后导致事故的发生。如北京“11·12”塔吊倒塌事故中，塔式起重机安装未按照塔式起重机《使用说明书》要求安装，未将顶升横梁两端的轴头准确地放入踏步槽内就位并扶正即实施顶升作业，致使事故的发生。广东深圳“12·28”事故，塔吊顶升作业时，人为造成塔吊上部结构严重偏载，导致顶升运动卡阻，最后造成事故的发生。

2. 建筑起重机械安全装置缺失或处于失效状态

建筑起重机械安全装置是保障起重机械正常运行，防止事故发生的最重要的基本保障。但是一些起重机械安装单位，忽视安全生产，对安全装置的重要性认识不够，在起重机械安装过程中，不按照规定安装相关的安全装置。或者在使用过程中为减少安全装置的报警，人为地将安全装置拆除，或使其处于失效的状态，从而导致起重机械设备在危险状态时安全装置不能有效发挥报警作用。如广东惠州“9·20”事故，施工单位违反《塔式起重机安全规程》的强制性规定，在塔式起重机上没有安装风速仪，塔吊不具备风速警报功能，致使在风速超过4级时，仍然进行塔式起重机顶升作业，最后导致事故的发生。

3. 建筑起重机械违规维修或日常维护保养缺失

建筑起重机械发生重大故障后，要由专业人员进行检查和维修。另外，起重机械运行过程中，安全状态也会不断发生变化，因此需要相关单位定期对起重机械进行维护、保养，及时发现问题及时解决。但是一些企业对起重机械的维护保养及故障维修等工作不重视，维修人员不具备相应的资格，日常的维护保养严重缺失，最后导致事故的发生。如浙江杭州“12·24”施工升降机吊笼坠落事故，施工升降机突发故障后，维修人员在未查明故障原因的情况下，错误地判定吊笼防坠器发生故障；在吊笼无配重、维修人员未对制动器性能进行检查确认的情况下，盲目在高空中拆除更换防坠器，最后造成了事故的发生。

3.3.2 设备质量问题

造成建筑起重机械事故发生的一个重要直接原因，就是生产厂家生产的设备本身存在质量问题。如：浙江省临安市“4·16”塔吊倒塌事故，由于塔吊产品质量存在严重缺陷，在塔吊被经过多次顶升后，两个顶升套架下横梁与爬爪座贴板焊缝热影响区先前存在的陈旧性贯穿裂纹突然进一步扩大，裂口承受不了塔吊上部的自重，使爬爪倾斜划过标准节踏步外侧面，造成塔吊上部坠落。

3.3.3 施工安全管理问题

1. 工程建设各方主体安全生产责任不落实

（1）安拆单位专项施工方案编制不规范、审核不严谨、交底落实不到位

起重机械安拆作业是危险性较大的分部分项工程，按照建筑起重机械安全监督管理规定，安拆单位应根据工程实际情况与建筑起重机械性能要求编制安装、拆卸工程专项施工方案，并由单位技术负责人签字。实际上很多安拆单位往往忽视这项工作，各工程安拆方案的重点控制环节基本未提及或千篇一律，如基础形式、受力计算、排水措施、附着高度、间距、位置、多塔升节时的顺序、防雷接地、机械设备周边的防护措施等，再加之使用单位、监理单位审核流于形式，安全技术交底不到位等都为建筑起重机械的安拆埋下安全隐患。如：湖南省长沙市“12・27”施工升降机吊笼坠落事故中，现场施工单位违法私刻某安装公司公章并以该公司及有关人员的名义制定此台施工升降机的安装、拆卸方案；四川省南充市“6・21”塔吊倒塌事故中，施工单位在塔吊拆卸施工前，未制定拆卸方案和安全施工专项措施，也未向总承包单位、监理单位报批等。

（2）施工总承包单位未能切实履行总承包安全管理责任

一些施工总承包单位未认真履行总承包单位安全管理职责，将安拆及顶升业务分包给不具备相应资质的企业或个人，或以包代管。在塔吊安拆及顶升施工过程中，也未认真审查特种作业人员的操作资格证书。技术交底制度和检查等制度流于形式，未能在施工现场得到有效落实；总包单位的专职安全生产管理人员、设备管理人员不在现场履职，对于违章作业行为不能及时制止。如：浙江省杭州市“12・24”施工升降机吊笼坠落事故，施工总包单位现场负责人在发现升降机钢丝绳断裂失去配重后，未能制止，仍违规使用，而且没有查验修理人员资格证；湖北省武汉市“11・26”起重伤害事故，施工总承包单位项目部现场负责人，对起吊作业现场安全管理不力，对存在质量缺陷的钢丝绳督促查验不到位。

（3）监理单位对建筑起重机械设备及作业环节监督不严

监理单位在对设备进场时监理单位审查核验把关不严，进场的设备未办理进场验收手续，使用前未组织使用联合验收，未有效核查起重机械合格证等相关证件，未认真核查特种作业人员人证相符情况，出现病态设备进场、无证人员上岗的现象较为普遍，安拆现场监理往往缺失。如：内蒙古呼和浩特市“6・12”塔吊倾倒事故中，监理单位对塔吊安装资料未认真审核，未对塔吊安装现场进行有效监管；湖南省长沙市“12・27”施工升降机吊笼坠落事故中，监理单位在资料审核中没有发现出租的施工升降机未经备案；四川省南充市“6・21”塔吊倒塌事故中，监理单位未依法履行安全监督职责，未对安装（拆卸）单位资质和个人资格进行审核，未对建筑起重机械拆卸工程专项施工方案进行审核。

2. 作业人员安全意识淡薄和专业技能低下

起重机械作业属于特种作业，起重机械安装、拆卸、维修及顶升作业人员必须取得特种设备操作资格证方可作业。而一些无证作业人员没有经过系统的培训，操作能力差，故障判断和应急情况处理经验少，作业中违反安全操作规程、违章作业的行为就会时有发生。一些特种作业人员在安拆作业时不配带安全防护用品、不按操作规程和专项施工方案

要求进行安拆作业。如：浙江省杭州市“12·24”吊笼坠落事故中，维修人员无证作业，在未查明升降机吊笼无法下降原因时，错误地判定吊笼防坠器发生故障，在未对制动器性能进行检查确认的情况下，盲目在空中拆除更换防坠器，导致事故的发生；内蒙古呼和浩特市“6·12”塔吊倾倒事故中，在安装过程中没有按照该塔吊使用说明书的规定，在内套架与标准节之间安装内外塔连接件；河北省石家庄市“1·24”起重伤害事故中，安拆人员在塔吊顶升作业出现故障排除作业过程中，违章回转塔吊起重臂，造成起重臂与平衡臂的力矩严重失衡，导致塔吊整体失稳倾覆坠地等。

3. 建筑起重机械设备维修保养及检查制度等不完善

定期维护保养是保持起重机械设备良好技术状态和正常运行的必要措施。定期检查是发现设备故障，排除安全隐患的必要手段。未按规定进行维修保养检查，无法发现设备存在问题，造成建筑起重机械设备带病运行，导致安全事故发生。如：浙江省杭州市“12·24”施工升降机吊笼坠落事故中，由于该公司项目部未能及时维护保养施工设备而导致事故的发生；湖北省武汉市“9·13”施工升降机坠落事故中，施工升降机导轨架第66和第67标准节连接处的部分连接螺母脱落，无法受力，在此工况下，施工升降机左侧吊笼超过备案额定承载人数导致事故的发生；深圳市宝安区“12·28”塔吊倒塌事故中，维修人员虽然对设备进行了维护，但未经有资质的机构重新检测检验擅自投入使用，致使变速箱传动轴定位销脱落，导致升降机失控等。

4. 对于建筑起重机械租赁市场管理不到位

目前部分租赁企业规模小，人员配置和机构不完善，管理制度不健全，私营、个体租赁企业占建筑租赁市场的主导部分，致使设备挂靠现象较为普遍，设备虽通过产权备案归属到产权备案企业，但实际所有权仍归属个人。部分租赁的设备质量不过关，以次充好，以无充有。重租赁轻维护、只使用不保养，设备的日常维修保养、建档、报废、流转等制度规定落实不到位；个别企业私自改装建筑起重机械设备，不经检测投入使用，或通过更换标准节等手段将已淘汰的设备重新使用，违规使用不合格的产品。可以说，建筑起重机械租赁市场管理无序的混乱状态已成为建筑起重机械事故频发的源头。

3.4 建筑起重机械事故预防措施

1. 严格建筑起重机械设备市场的准入控制，从源头上确保设备质量安全

建筑起重机械设备引起安全事故的主要原因之一在于其质量问题，因此各省市建设主管部门应对各地的建筑起重机械设备备案资料进行审查，建筑起重机械应当具有特种设备制造许可证、产品合格证，确保其通过国家相关部门检测、认证，设计、生产是合格的。

2. 加强建筑起重机械安拆、使用和日常维护的安全管理

首先，强化建筑起重机械安拆队伍管理。建筑起重机械事故发生在安装、拆除及顶升加节阶段的比例很大，必须抓好安拆队伍建设，强化资质管理，坚决杜绝没有安拆资质的队伍从事建筑起重设备的安拆和顶升加节；提高安拆作业人员的操作技能和安全意识，加强对作业人员的培训和发证管理，杜绝无证上岗的操作行为；加强起重机械维修保养人员和门式起重机、流动式起重机特种作业人员的发证培训和考核。

其次，加强安装、顶升、拆卸等环节管理。督促安装单位在安装前按照安全技术标准

及建筑起重机械性能要求，编制建筑起重机械安装拆卸工程专项施工方案，施工方案应具有针对性和可操作性，在现场监督执法中严查“照搬照抄”方案和不按方案组织安拆等行为；督促总承包企业落实建筑起重机械设备的安全生产主体责任，严格履行设备进场验收、安装、顶升加节、使用和日常维护、拆除等环节的管理职责。

3. 加强总包单位对建筑起重机械设备的全过程安全管理

建筑起重机械的安全使用按照建筑起重机械安全监督管理规定应由多方责任主体共同负责。总包单位要加强对产权单位起重机械采购和租赁管理制度的审核，杜绝质次价廉的起重机械设备及其配件进入工程现场，切实提高机械的本质安全；总包单位应加强对起重机械在选购、配置、安装、使用、维护、保养、改造、报废等整个生命周期中各个环节的管理，注重过程控制，严把验收关、检测关、检查关，使起重机械的使用过程处于有效控制和监管之下，从而有效防止设备违规租赁和使用的问题；总包单位要加强对安装拆卸人员的资格审核，杜绝无证操作人员进入施工现场作业。

4. 监理单位应切实加强现场安全管理

监理作为建筑施工市场重要责任主体，在建筑起重机械的安全管理方面负责审核建筑起重机械的安全技术档案、安拆单位资质、安拆专业特种作业人员持证上岗情况、专项施工方案等；在安拆、使用过程中，进行旁站监理；对建筑起重机械进行安全检查并及时报告安全隐患等。监理单位要切实加强对建筑起重机械设备的安全监理，发现隐患要立即督促施工企业整改，不按照要求整改的，要立即报当地建设行政主管部门处理。要进一步加强对建筑工地起重机械租赁、安装、使用、维修、检验、检测活动的监督管理工作。严格核准审批安装资质、专项施工方案、操作人员资格证书、办理登记使用手续等。

5. 加强建筑起重机械专业人才的培养和安全培训

近几年，由于部分施工企业在改制、改革中对设备管理不重视，取消了原有的设备管理部门。然而，建筑起重机械行业属于高危行业，特种作业人员意外伤害保障制度不完善、社保制度不健全，同时工资普遍偏低，造成了从业人员流动性大、经验丰富的持证操作人员偏少。因此，应加强培养机械、机电一体化等与建筑起重机械管理相关的专业人才，让专业的人做专业的事，杜绝因人的因素或管理不当等原因造成的建筑起重机械事故；定期对起重机械操作及其相关人员进行专业培训，通过安全操作规范及流程、防范措施及现场应急处置的培训，不断提高操作人员的操作水平；建筑起重机械设备的司机必须符合相关规定的要求，经建设行业主管部门考试合格并取得相应的建筑起重机械作业人员操作证，要坚持定人、定机、定岗位责任的“三定”制度，操作人员应熟悉本机构造、性能、维护保养和操作规程。

6. 利用信息化技术实现对建筑起重机械设备全过程安全管理

实践证明，通过信息化辅助系统可以有效监管预警和控制设备运行过程中的危险因素和安全隐患，从而预防和减少建筑起重机械安全生产事故的发生。目前，国内很多地方已利用远程建筑起重机械安全监控辅助管理系统，通过物联网等技术实施建筑起重机械设备的备案、检测、安拆、使用等管理业务，同时结合监控设备的实时数据自动采集分析作为有效辅助监管技术手段，形成面向全过程的设备辅助管理系统。同时，应尽快建立大型起重机械在线即时监控系统，实施网上即时监控。

第4章　基坑施工坍塌事故案例分析及预防措施

近年来随着城市建设的飞速发展，对地下空间的利用率越来越高，随之而来的基坑工程不断增加，相应的基坑施工坍塌事故比例也呈上升趋势，特别是地铁施工过程中坍塌事故频繁发生。基坑施工坍塌事故往往会造成重大人员伤亡和巨大经济损失，而且应急救援比较困难。本章将对基坑施工坍塌事故的原因进行分析并提出预防措施。

4.1　案例介绍

4.1.1　案例一　浙江省杭州市“11·15”地铁坍塌事故（2008）

1. 事故简介

2008年11月15日下午3时15分左右，杭州市地铁一号线萧山湘湖站北2基坑施工现场发生大面积坍塌事故，共造成21人死亡、24人受伤，直接经济损失约4961万元。

湘湖站北2于2008年4月6日开始基坑连续墙施工。至2008年11月15日下午事故发生前，第一施工段木工、钢筋工正在作业；第三施工段由杂工进行基坑基底清理，技术人员安装接地铜条；第四施工段正在安装支撑、施加预应力；第五、六施工段坑内2台挖掘机正在进行第五层土方开挖。15点15分左右，北2基坑部分支撑破坏，西侧中部地下连续墙横向断裂并向基坑内侧倾斜，长度约75m，东侧地下连续墙也向基坑内侧位移。经勘测，西侧墙体横向断裂处最大位移约7.5m，东侧地下连续墙最大位移约3.5m。由于基坑两侧土体中大量淤泥涌入坑内，位于基坑西侧的风情大道随即出现塌陷，最大深度约6.5m。路面塌陷导致地下污水等管道破裂，基坑东侧河道的河水倒灌，造成基坑和地面塌陷处进水，基坑内最大水深约9m。49名正在施工作业的人员除部分自行逃生或被营救外，1人当场死亡，1人送医院后不治身亡，另有19人被埋压。同时，风情大道路面11辆正等待绿灯信号的车辆随路面一起下沉，多数车辆受淹，数十名司乘人员及时逃离现场，2人受轻伤。

事故现场见图4-1、图4-2。

2. 事故原因

（1）直接原因

施工单位违规施工、冒险作业，施工过程中基坑严重超挖，支撑体系存在严重缺陷，且钢管支撑架设不及时，垫层未及时浇筑，加之基坑监测失效，未采取有效补救措施，引起局部范围地下连续墙产生过大侧向位移，造成支撑轴力过大及严重偏心，部分钢管支撑失稳，基坑支撑体系整体破坏，两侧地下连续墙向坑内产生严重位移，其中西侧中部墙体横向断裂并倒塌，基坑周边地面塌陷。

图 4-1 浙江省杭州市“11·15”地铁坍塌事故现场（一）

图 4-2 浙江省杭州市“11·15”地铁坍塌事故现场（二）

（2）间接原因

1）施工方面的原因

① 没有严格按照设计工况进行土方开挖。特别是第五、第六施工段的第四层、第五层土方同时开挖，垂直方向超挖约 3m，开挖到基底后水平方向有 26m 左右未架设第四道钢支撑。第三和第四施工段开挖土方到基底后未及时浇筑混凝土垫层。由于土方超挖，支撑施加不及时，支撑轴力、地下连续墙的弯矩及剪力大幅度增加，超过围护设计条件。

② 现场钢支撑安装不规范，活络头节点承载力不满足强度性能要求；钢管支撑与工字钢系梁的连接不满足设计要求，钢立柱之间也未按设计要求设置剪刀撑；部分钢支撑的安装位置与设计要求差异较大；钢支撑与地下连续墙预埋件未进行有效连接。以上问题降低了钢管支撑的承载力和支撑体系的总体稳定性，易导致在偶发冲击荷载或地下连续墙异

常变形情况下丧失支撑功能。

③ 湘湖站项目部建立以后，项目部经理、总工程师随意变动，项目经理长期缺位，现任项目总工没有工程师职称，不具备任职条件；现场施工员未经培训，无施工员资格证；劳务组织管理和现场施工管理混乱，员工安全教育不落实。

④ 不重视安全生产，违章指挥，冒险施工。对监理单位提出的北 2 基坑底部和基坑端头井部位地下连续墙有侧移现象，以及监测单位不负责任，监测数据失真等重大安全隐患，都未引起重视和采取相应措施。特别是在发现地表沉降及墙体侧向位移均超过设计报警值，以及发现风情大道下陷、开裂等严重安全隐患后，仍没有及时采取停工整改等防范事故的措施。

2）设计方面的原因

① 没有根据当地软土特点综合判断、合理选用基坑围护设计参数，力学参数选用偏高，降低了基坑围护结构体系的安全储备。

② 北 2 基坑安全等级为一级，但监测设计方案相对规范减少了周围地下管线位移、土体侧向变形及立柱沉降变形 3 项必测内容。

③ 设计图纸中未提供钢管支撑与地下连续墙的连接节点详图及钢管节点连接大样，也没有提出相应的施工安装技术要求。

④ 没有坚持原设计方案，擅自同意取消了施工图中的基坑坑底以下 3m 深土体抽条加固措施，降低了基坑围护结构体系的安全储备。

⑤ 施工图设计说明要求与施工图标明的参数前后不一致，致使实际施工技术目标与要求存在很大差异。

3）勘察方面的原因

① 没有考虑采用薄壁取土器取样对土强度参数的影响，未根据当地软土特点综合判断选用推荐土体力学参数。

② 推荐的直剪固结快剪指标 c(黏聚力)、ϕ(内摩擦角）值未按规范要求采用标准值。推荐的三轴 CU（三轴固结不排水剪）、UU（三轴不固结不排水剪）试验指标、无侧限抗压强度指标，与验证值、类似工程经验值相比差异显著，且各层土的子样数不符合规范要求，不能反映土性的真实情况。

③ 不能提供三轴 CU、UU 试验的原始资料（据称系电脑失窃，资料丢失）。

4）监测方面的原因

① 监测内容及测点数量不满足规范要求。北 2 基坑实际监测点数量相对设计和施工方案均明显减少，支撑轴力监测点数量不足设计要求的五分之一，墙体变形监测点完好的不足设计要求的二分之一，地下水位监测点仅为设计要求的五分之一，且监测点破坏严重未及时修复，造成多处监测盲区。

② 部分监测内容的测试方法存在严重缺陷。支撑轴力的报表数据显示，支撑轴力数据均为拉力，与事实不符；第一道支撑钢管实际壁厚为 16mm，但实际监测仍以设计的 12mm 计算，造成换算的支撑轴力减少 25%；测斜管以最底部为位移零点，数据只是一个相对底部的位移值，并不是绝对值，数据失真。

③ 提供伪造的监测数据。电脑中的原始监测数据被人为删除，通过技术手段恢复后发现，2008 年 10 月 9 日开始有路面沉降监测点 11 个，至 11 月 15 日发生事故前，最大沉

降 316mm，但监测报表没有相应记录；11 月 1 日 49 号（北端头井东侧地下连续墙）测斜管 18m 深处最大位移达 47.3mm，与监测报表不符；11 月 13 日 CX45 号测斜管最大变形数据达 65mm，远超过所规定的报警值（40mm），也与监测报表不符。电脑中的数据与报表中的数据不一致，存在伪造数据或采用对内对外两套数据的现象。

5）监理方面的原因

① 未严格按设计及规范要求监理。基坑降水、地下连续墙施工安全等多个专项方案均未按浙建建［2003］35 号文要求由项目总监理工程师签字批准，而是由总监代表签字批准；北 2 基坑自 2008 年 9 月 5 日开始降水，而 10 月 2 日即开始土方开挖，降水最长时间只有 27 天，不满足应在开挖土方前 6 周进行的设计要求；深基坑土方开挖及支撑、井点降水施工等监理细则无审批人，安全监理吊装细则、地下连续墙和钻孔灌注桩开工报告均由总监代表签字批准，以及总监代表、监理工程师变动无变更手续等，严重违反监理规范。

② 未按规定程序验收。北 2 基坑支护工程第 1、2、3 道钢支撑施工报验单均未签复，但对第 4 道却作了签认。同时，也未发现监测报告中轴力监测数据明显不符实际的问题。

③ 对安全生产违法违规行为制止不力。就北 2 基坑超挖、乱挖，支撑不能及时跟上，测斜孔设备损坏没有修复，地下连续墙有侧移现象，监测单位不负责任，钢支撑与钢系梁未固定，剪刀撑未及时架设，钢支撑与地下连续墙面存在间隙等严重质量安全问题，虽多次发出监理通知书要求施工单位整改，但未采取进一步措施予以控制。没有按照《建设工程安全生产管理条例》“要求施工单位暂时停止施工，并及时报告建设单位。施工单位拒整改或者不停止施工的，应及时向有关主管部门报告”的规定履行监理责任。

6）其他方面存在的问题

① 施工单位对湘湖站项目部管理失职。湘湖站项目部建立以来，项目部经理、总工程师随意变动，现任经理经常不到位，现任项目总工没有工程师职称，不具备任职条件，现场施工员未经培训，也无施工员资格证，劳动组织管理和现场施工管理混乱。

② 设计、施工、监理、建设单位对项目施工风险认识不足，监管不力。如施工中随意取消或变更地下连续墙墙趾应进入中风化岩、墙趾底部应注浆、基坑开挖必须真空深井降水等设计要求，设计、监理及建设单位均没有提出不同意见。

③ 建设单位对地铁建设工程安全重视不够，管理不到位。地铁集团公司内部安全生产责任制度不健全，安全管理职能设在工程部，安全管理力量薄弱。建设单位驻湘湖站项目部建设单位代表对该项目施工、监理、监测工作中存在的重大安全问题没有及时发现、反映和协调解决；对风情大道下陷、开裂，重载、超载车辆过多，车流量过大等安全隐患没有引起重视和及时处置。

④ 杭州市建设主管部门落实《杭州市地铁建设管理暂行办法》（杭州市政府第（234）号令）有关“建设行政主管部门应当依法对地铁建设工程进行安全监督”的规定不够到位，对地铁工程建设安全管理存在疏漏，平时检查和隐患排查治理不彻底。

⑤ 杭州市建设质量安全监督机构对地铁建设过程中质量安全监督检查和隐患督促整改不到位。对已发现的施工项目经理和总监理工程师不到位、施工企业安全自检流于形式、节点安全控制不严、监测单位资质和监测人员审查不严、现场监护工作不落实等问题督促跟踪抓整改落实不够。

⑥ 杭州地铁1号线建设没有严格按照国家发改委和省发改委批复的要求组织施工。工程前期准备不足，工程建设点多面广，监管力量严重不足，安全管理经验相对缺乏。

3. 事故处理

（1）对事故相关人员的处理意见

1）施工单位项目部经理、项目部常务副经理、总工程师、质检部长；监理单位项目总监代表；监测单位经理部负责人、监测人员等，涉嫌犯罪，由司法机关立案侦查并追究责任。

2）对建设单位董事长、副总经理、工程部部长、驻湘湖站代表；施工单位所在集团董事长、法人代表、总经理；施工单位董事长、法人代表、总经理、分管安全的副总经理；监理单位项目总监；设计研究院院长，按干部管理权限给予政纪处分。

3）杭州市建委副主任、杭州市建筑工程质量监督总站副站长，按照干部管理权限给予政纪处分。

（2）对事故单位的处理意见

1）对建设单位、监理单位、施工单位，由相关部门实施相应的行政处罚。

2）杭州市政府向省委、省政府作出深刻检查。

4.1.2 案例二 青海省西宁市“3·19”基坑坍塌事故（2009）

1. 事故简介

2009年3月19日13时35分，青海省西宁市佳豪国际广场4号楼基坑东侧边坡发生坍塌事故，造成8人死亡，直接经济损失186.3万元。

2008年11月，4号楼基坑工程施工支护到8m后由于冬期气候原因停工。2009年3月7日复工。3月8日对4号楼基坑东侧边坡开始施工，完成基坑底部支护后，施工组长发现负坡并向地基公司负责人请示。3月19日早晨地基公司负责人通知施工组长对基坑增加立柱进行加固。施工组长安排14人在基坑底部开始搭设脚手架、支模板、打锚管、喷浆等工作。12时30分，先有10人离开工地吃午饭，13时20分重返工地，将正在施工的4人换回。13时35分，基坑上部土体忽然坍塌（坍塌范围：长度31.4m，高12.9m，边坡坍塌面积约405m^2，土方坍塌量约400m^3）。在脚手架上的8人被坍塌的土石方掩埋，造成8人死亡。2人因在底部地面送料，逃离及时，幸免于难。

事故现场见图4-3、图4-4。

2. 事故原因

（1）直接原因

施工单位没有取得安全生产许可证，不具备安全生产条件，违法承包基坑边坡支护工程，同时伪造《佳豪国际广场工程土钉支护设计方案》，此设计方案中，砂砾层钢管锚杆长度3～5m，两根直径14mm水平通长筋、直径110mm竖向超前桩、混凝土面层厚度80mm。经某公司审查，结论为“经检验，该工程支护方案的整体抗滑、抗倾覆验算基本满足规范要求；经复核，部分构造不符合规范要求；原设计考虑的超载工况与实际情况不符。”根据专家现场随机抽样检验和分析，佳豪国际广场4号楼基坑东侧已做支护的边坡，钢管锚杆长度不够（抽样三根钢管长度分别为1.68m、1.90m、1.93m，实际平均长度1.82m），锚杆注浆孔孔径偏小且注浆数量偏少，压网筋节点连接只有一根ϕ14水平通长筋，喷射的混凝土面层厚度不够（实际为55～65mm），没有竖向超前微型桩，不能保证

图 4-3　青海省西宁市“3・19”基坑坍塌事故现场（一）

图 4-4　青海省西宁市“3・19”基坑坍塌事故现场（二）

基坑边坡的整体稳定。同时在现场施工中，未采取有效安全防范措施。并使用振动较大的冲击锤，造成已经解冻融化的土体失稳坍塌。

（2）间接原因

1）施工单位没有取得安全生产许可证，违法承包深基坑支护工程，没有委托具有设计资质的单位进行基坑边坡支护设计，伪造设计文件及公章。没有按深基坑支护设计标准施工，特别是在对已发现基坑底部负坡后，没有采取有效措施排除隐患，继续冒险指挥施工。

2）劳务经纪人与施工单位口头达成劳动协议后，组织 18 名务工人员于 3 月 5 日到达佳豪国际广场施工工地，具体负责组织现场施工，在施工前及施工过程中没有进行安全教育及安全技术交底，对发现的基坑负坡没有采取有效措施排除隐患，冒险施工。

3）建设单位把基坑支护工程直接发包给无安全生产许可证的施工单位，对施工现场的工程质量和安全生产的管理和监督不力，且未办理《建设工程用地规划许可证》、《建设工程规划许可证》、设计施工图纸审查、质量安全监督、施工许可证，擅自开工建设。

4）监理单位与建设单位签订监理合同后，对此项目的工程建设标准和安全生产承担监理责任，在施工图纸和施工方案未审查的情况下实施监理，对3号楼以北（含4号楼）基坑支护设计方案及专项施工方案审查不严，没有及时发现伪造的设计文件，且在监理过程中发现基坑支护施工的钢管锚杆长度不够和负坡等问题，只是在监理例会提出对“3号、4号楼基坑支护的专项施工方案组织专家论证”，但没有采取有效措施制止施工单位施工。

5）市城乡规划建设局3月16日在检查佳豪国际广场施工工地中，发现该项目手续不全及安全隐患，作了现场检查记录及口头向施工单位、监理单位提出了暂停施工、消除隐患、加强监控的要求。3月17日，市城乡规划建设局向项目建设单位下达了书面《整改通知》，但由于执法力度不够，未能跟踪落实停止施工。

6）事故发生地段上部为湿陷性黄土，下部为卵石层，黄土层含水率较高。已支护的边坡是在2008年土体冻结期完成的，2009年复工后，天气转暖，气温回升较快，土体解冻、土质松动、边坡土体失稳。

3. 事故处理

（1）对事故相关人员的处理意见

1）施工单位总经理兼项目经理，安全生产第一负责人，全面负责该工程的安全生产、施工质量及管理，对这起事故负有领导责任和直接责任。由司法机关依法追究其刑事责任。同时该公司涉嫌伪造设计文件和公章，由公安部门另案侦查，依法处理。

2）从事深基坑支护的劳务经纪人，由司法机关依法追究其刑事责任。

3）对建设单位总经理、工程部经理；监理单位总经理、项目总监，由相关部门处以相应的经济处罚。

（2）对事故单位的处理意见

1）对施工单位，由建设主管部门吊销其施工资质；工商行政管理部门吊销其公司营业执照，并由相关部门处以相应的经济处罚。

2）对建设单位、监理单位，由相关部门处以相应的经济处罚。

3）对市城乡规划建设局，由市政府给予通报批评。

4.1.3　案例三　浙江省台州市“9·9”泥浆池坍塌事故（2009）

1. 事故简介

2009年9月9日下午16时15分左右，浙江省台州市路桥“新天地·幸福人家”项目建设工地在塔吊塔基开挖时发生泥浆池坍塌事故，造成7人死亡、3人受伤。

2009年9月5日，项目部组织人员开挖该项目工程2号塔吊基坑。由工程项目部自行编制的施工方案是采用沉井法开挖塔吊基坑，且沉井也已预制。但因沉井预制件太重（约16吨），工地的吊车无法将其吊到预定位置，项目经理和技术负责人商量后，改为基坑放坡大开挖。9月6日，由于项目经理等人感觉基坑开挖存在安全隐患，就用推土机将位于塔吊基坑旁边的泥浆池（长15.6m，宽15m左右）南侧填土，将泥浆池缩小为15.6m×10m左右（深度为1.7～2.5m），并组织人员在泥浆池南侧每隔0.4m左右打一根6m长的松木桩，共打了60根桩。此时，泥浆池与塔吊基坑上口开挖线水平距离3.5m左右。6月9日下午3时左右，2号塔吊基坑全部开挖到基底设计标高后，项目部经理在坑底现场指挥，安排9名操作工人进入基坑开始桩头清理、支模等工作。4时15分左右，塔吊基坑北侧土体开始坍塌，泥浆水往下流动，池内泥浆随之倾泻而下，很快就将塔吊基坑淹没，7名工人被埋。至10日上午，7名被埋人员陆续在事故现场找到，经确认均已死亡。

事故现场见图4-5、图4-6。

图4-5 浙江省台州市“9·9”泥浆池坍塌事故现场（一）

图4-6 浙江省台州市“9·9”泥浆池坍塌事故现场（二）

2. 事故原因

（1）直接原因

1）工程项目部缺乏科学可行的塔吊基坑开挖方案，违章作业。路桥“新天地·幸福人家”工程地下室基坑开挖方案中没有塔吊塔基开挖的具体详细的专门方案，在施工现场不具备大开挖放坡条件下，工程项目部将该项目 2 号塔吊塔基的施工采用放坡大开挖（改变了原工程项目部自行编制的沉井开挖施工方案），且盲目指挥，冒险作业，野蛮施工，边坡比仅为 1∶1 左右，满足不了现场地质条件和环境条件的要求。同时，工程项目部安全技术保障措施不到位。由于施工现场泥浆池位置与塔吊基坑距离太近，项目经理等人虽意识到安全隐患的存在，同时在泥浆池南侧采用填土和木桩支护，但没有派人观察，未能及时发现事故的预兆，且所采取的安全技术措施不能起到安全防护作用。在泥浆池坍塌时，造成基坑内 7 名施工作业人员被埋致死。

2）监理公司现场监理责任不到位。监理公司路桥“新天地·幸福人家”项目工程监理部内部管理混乱，监理责任不到位，项目总监基本缺位，承接承包监理业务而没有监理资格的人员实际控制了工程的监理工作。在发现项目部违规开挖塔吊基坑，存在严重的安全隐患后，没有进行有效制止，及时下达停工令，没有尽到监理的应有职责。

（2）间接原因

1）建设单位违法开工建设。某房地产开发公司作为项目建设单位，在《建设工程用地规划许可证》、《建设工程规划许可证》、《建设工程施工许可证》“三证”完全没有的情况下，要求施工单位开工建设。

2）施工单位安全生产责任不落实。作为工程项目的施工单位，安全生产责任制不落实，员工“三级”安全教育培训不到位，工程项目部管理人员安全意识薄弱，责任心不强，对施工作业过程中的安全隐患没有及时发现和排查、整改。

3）相关管理部门监管责任不到位。市建设规划局路桥分局、市建设规划局路桥规划管理处等相关管理部门分别于 6 月上旬和中旬发现了工程项目违法施工，也分别以市建设规划局路桥分局、市建设规划局的名义发出了“责令立即停止违法行为，听候处理”的行政执法通知书，但均没有任何的后续措施，听任施工单位继续违法施工。直至事故发生，建设单位仍然没有取得《建设工程规划许可证》和《建设工程施工许可证》。台州市路桥区建筑工程质量监督站，对监理单位人员登记把关不严，对无监理资格的人员予以登记。

3. 事故处理

（1）对事故相关人员的处理意见

1）对施工单位法定代表人、董事长、总经理；项目部经理、技术安全负责人；项目部的实际控制人和领导人；监理单位监理人员；建设单位工程部经理，由司法机关依法追究其刑事责任。

2）对监理单位项目总监，由建设主管部门提请发证机关吊销其注册监理工程师执业资格证书。

3）对台州市建设规划局路桥分局局长，分管建筑业及安全生产等工作的副局长；路桥分局建工科负责人；路桥规划管理处主任、副主任等人，按照责任不同分别给予撤职、行政警告、记过等行政处分。对路桥区人民政府分管城建工作的副区长，给予通报批评。

（2）对事故单位的处理意见

1）对施工单位，由建设主管部门提请发证机关降低其资质等级。

2）对监理单位，由建设主管部门提请发证机关吊销其监理资质证书。

3）对建设单位，由台州市建设规划局依法给予行政处罚。

4）对台州市路桥区建筑工程质量监督站，由台州市建设规划局在台州市范围内予以通报批评。

5）路桥区人民政府，向台州市人民政府作出深刻的检查。

4.1.4 案例四 安徽省亳州市“10·15”沟槽坍塌事故（2009）

1. 事故简介

2009年10月15日，安徽亳州市蒙城县某道路排水工程工地发生排污管道沟槽坍塌事故，造成3人死亡。

2009年10月15日11时许，亳州市蒙城县城南新区道路工程项目部负责人安排2名技术员在政通路中段道路排水工程的工地上测量放线。14时许，在政通路中段道路排水工程的工地上挖掘排污管道的同时，施工负责人安排民工在排污管道内安装排污管，在安装排污管的同时，由于排污管道内有水，排污管上浮，又安排铲车驾驶员铲沙子对排污管道内的排污管进行填压，在铲车填压两铲沙子后，排污管道沟槽侧面土层突然塌方，致使排污管道沟槽内的3名施工人员被埋，窒息死亡。

事故现场见图4-7。

图4-7 安徽省亳州市“10·15”沟槽坍塌事故现场

2. 事故原因

（1）直接原因

工程未经施工许可开工建设，深基槽开挖无专项施工方案，未进行放坡。违章指挥，未按照安全生产操作规程组织施工，发现危险时，未及时安排作业人员撤离，并安排他人冒险作业。

（2）间接原因

1）施工单位领导安全生产意识淡薄，主体责任落实不到位，对项目管理、各项规章制度执行情况监督管理不力，没有按照规定配备有资格的专职安全管理人员，未编制专项施工方案；对重点部位的施工技术管理不严。对危险性较大的分部分项工程施工未安排专职安全员现场监督；违规将工程分包给无资质的施工队伍，施工现场用工管理混乱，未认真组织三级安全教育。

2）建设单位未认真履行安全生产管理主体责任，隐患排查整治流于形式，对该建筑工程执法监督缺失和检查指导不力，对监理公司的监督管理不到位。在长达 4 个多月的时间内，对监理公司监理人员未按要求到岗、施工企业安全管理人员不具备资格、未认真进行三级安全教育等问题，没有及时发现及纠正，未按规定聘请监理工程师。

3）县政府安全生产“一岗双责”制度落实不到位，对县政府职能部门履行安全生产职责情况监督管理不到位，部分分管负责人没有按照省市政府规定，对分管的工作带队进行安全生产检查或检查流于形式。

3. 事故处理

（1）对事故相关人员的处理意见

1）对于项目经理、项目部技术员，由司法机关依法追究其刑事责任。

2）对于建设单位代表，考虑到其 2009 年 3 月刚从部队转业到建委工作，存在业务不熟悉的客观原因，给予行政警告处分。

3）对于县建委主任、副主任、城南新区道路工程项目总负责人、县建设安全管理监督站站长、县建委城建科科长等人员，给予撤职、记过、警告等行政处分。

（2）对事故单位的处理意见

1）对施工单位，由有关部门处以相应的经济处罚。

2）对蒙城县建委，由蒙城县政府给予 2009 年安全生产一票否决的处罚。

3）对蒙城县政府，在全市范围内通报批评。

4.1.5 案例五 内蒙古乌兰察布市“7·5”排水沟塌方事故（2010）

1. 事故简介

2010 年 7 月 5 日，内蒙古自治区乌兰察布市四子王旗乌兰花镇和平路排污管道施工过程中，发生排污坑壁塌陷事故，造成 3 人死亡。

2010 年 7 月 5 日 19 时 10 分左右，内蒙古乌兰察布市四子王旗乌兰花镇和平路中段，施工人员正在开挖南北走向的排污管线基槽，从自然地坪挖深约 3.6m，上宽约 2m，下宽约 1m。由于现场条件限制，挖土堆于一侧（东侧），土堆高约 2m。此时，4 名技术人员下到沟底进行作业，裸露于槽壁东侧的原旧建筑基础（约 2m 多深，开挖时已使基底悬空约 1m 多，下面土层有渗水）突然失稳侧向倒塌。沟底 4 人中 1 人迅速撤离，其余 3 人被埋。

事故现场见图 4-8。

2. 事故原因

（1）直接原因

1）在清槽过程中，在 2m 处发现旧建筑物基础已悬空且发现土层渗水，而未采取任何安全防范措施。

2）挖土堆于一侧（东侧），土堆高约 2m，超过《给水排水管道工程施工及验收规范》（GB 50268—2008）所规定的高度（堆土距边缘不小于 0.8m，且高度不应超过 1.5m），超出所承受的压力。

3）三名遇难工人都未戴安全帽。

（2）间接原因

1）安全意识不强，工地管理混乱，企业安全监管不到位。

2）安全操作规程不健全，安全技术交底不清。

图 4-8　内蒙古乌兰察布市“7·5”排水沟塌方事故现场

3）没有认真实施事故防范措施，对事故隐患整改不力。

4）部分工人未签订劳动合同，未按要求进行安全生产培训。

5）主管部门安全生产工作监管不到位，四子王旗建设局安监站虽下达了整改意见，但未进行跟踪监督。

3. 事故处理

（1）对事故相关人员的处理意见

1）对施工单位主要负责人、副经理，由相关部门处以相应的经济处罚。

2）对四子王旗建设局副局长给予行政记过处分，对建设局安监站站长给予行政警告处分。

（2）对事故单位的处理意见

对施工单位，由相关部门处以相应的经济处罚。对监理单位，责令限期改正。对四子王旗政府进行通报批评。

4.1.6　案例六　广东省信宜市“8·28”深基坑坍塌事故（2011）

1. 事故简介

2011 年 8 月 28 日 9 时 20 分左右，广东省信宜市“金津名苑”工程施工现场发生一起深基坑坍塌事故，造成 6 人死亡，3 人受伤。

“金津名苑”工程为框架结构，地下两层。在完成东、北、西三面支护工程后，2011 年 8 月 25 日，建设单位负责人找来挖掘机老板等人对南侧边坡土体进行开挖。8 月 28 日上午，负责人指挥挖掘机司机在基坑南侧挖沟槽，同时请来 9 名扎筋工人（除 1 人外其余 8 人均是第一次到工地）准备绑扎护壁钢筋，现场还有一个施工队正在进行桩机作业，制作钢筋笼。7 时 30 分开始作业，扎筋工人先从仓库将钢筋搬到工地上，半个小时后，挖掘机司机开挖的沟槽已经形成（宽 1.5m，深约 2m）。此时，沟槽底部距离坡顶 5～6m，坑壁已呈近直立状态，坡顶上临时办公室距坑边仅 0.6m，项目负责人指挥 9 名扎筋工人下到沟槽绑扎钢筋。9 时 20 分左右，基坑南边的边坡土体突然失稳，连同坑边临时房屋大半坍塌滑落坑内，掩埋坑下扎筋作业的 9 名工人，造成 6 人死亡、3 人受伤。

事故现场见图 4-9。

图 4-9　广东省信宜市“8·28”深基坑坍塌事故现场

2. 事故原因

（1）直接原因

施工现场存在重大安全隐患，即在砂质软土坑边未做任何支护情况下，违章指挥挖掘机垂直开挖南侧砂质土坑边深度达 5.0～5.3m，基坑自重和上部建筑物荷载共同作用下发生剪切破坏失稳坍塌。

（2）间接原因

1）建设单位在没有取得施工许可证的情况下，非法组织施工，对施工工人没有进行上岗前安全培训，对曾经出现的泥土下滑事故隐患未及时整改，强令工人冒险作业，终酿成事故。

2）施工单位在合同履行期间（2011 年 7 月 10 日～2012 年 7 月 5 日），曾协助建设单位办理施工许可证，公司副经理等人参与施工现场定桩放线和隐蔽工程验收工作，明知建设单位无证非法开工，既不制止也不向市住房和城乡建设局报告，致使建设单位非法施工行为未得到有效制止。

3）市建筑设计院超出资质等级进行设计（该设计院资质等级：建筑行业专业丙级，只能设计 12 层以下住宅、宿舍，不能设计地下工程），设计时没有考虑施工安全操作和防护需要，未对涉及施工安全的重点部位和环节在文件中注明，未对防范生产安全事故提出指导意见，是造成事故发生的间接原因之一。

4）市住房和城乡建设局发现本工程违法施工后，多次向建设单位发出《停工通知书》，停工理由：施工存在安全隐患等。发出停工通知后，建设单位仍未整改，住房和城乡建设局没有采取进一步的执法措施和手段，以致建设单位负责人有恃无恐，继续实施违法建设行为，最终酿成事故；该局自 2009 年就没有与下属城建管理大队签订建设管理行政执法委托书，城建管理大队在日常执法过程中经办人冒签执法人员名字，执法不严肃、不规范，对非法建设行为没有起到震慑作用。

3. 事故处理

（1）对事故相关人员的处理意见

1）对施工单位法定代表人，由相关部门处以相应的经济处罚。

2）对建设单位法定代表人、现场管理人员，由司法机关依法追究其刑事责任，并由相关部门处以相应的经济处罚。

3）对信宜市住房和城乡建设局局长、副局长、城建监察股股长；信宜市城建管理监察大队大队长、副大队长、第三中队队长，由信宜市纪委监察局按照有关规定，给予撤职、降级或记过等行政处分。

（2）对事故单位的处理意见

1）对施工单位，由省住房和城乡建设厅依法暂扣该企业安全生产许可证。

2）监理单位，多次派人在施工现场指导，曾向建设方和施工方发出隐患整改通知并多次向建设主管部门报告施工现场安全隐患情况，基本履行监理义务，尽到监理职责，免予追究责任。

3）对建设单位，由相关部门处以相应的经济处罚。

4.2 基坑施工坍塌事故特点

随着城市商业化的快速发展及大量农村人口涌入城市，使得城市的土地资源紧张，高层建筑及对地下空间的开发和利用由此得到迅速发展，工程建设中基坑分部分项工程的数量越来越多，相应的基坑施工中的安全问题也接踵而至。通过分析，基坑事故大多发生在基坑支护方面，全国有1/4的基坑支护工程都发生过或多或少的工程事故。在基坑坍塌事故中由于放坡不合理或支护失效引发的事故约占70％，其中无基坑支护设计导致的约占60％。另外，发生坍塌的基坑或边坡深度在1.9～10m的约占78％，多为深基坑。基坑坍塌事故的发生不仅会造成巨大的经济损失甚至人员伤亡，还可能会造成地下所埋设各种管线（包括煤气管、自来水管、雨水管、各种线缆等）遭受严重损坏，引发煤气外溢、大面积停气停水停电、交通中断等问题，造成重大经济损失和不良社会影响。

4.3 基坑施工坍塌事故原因分析

4.3.1 施工安全技术问题

编制科学、严谨的基坑专项施工方案是基坑工程管理中的重中之重，据统计，基坑坍塌事故中，未编制专项施工方案引发的约占56％，专项施工方案不合理导致的约占19％，不严格按规范和专项施工方案施工导致的约占25％。基坑施工方案的合理性、适用性，参数选择的正确性，安全储备的大小等均对基坑有深远的影响。施工单位在基坑施工中，若不重视施工方案的控制，随意更改施工设计，将会给基坑施工带来安全隐患，甚至造成事故的发生。本书选取的6起基坑施工坍塌事故案例中，由于基坑施工方案设计导致事故发生的案例有5起。如：青海省西宁市“3·19”基坑坍塌事故中，施工方案计时考虑的超载工况与实际情况不符，部分构造不符合规范要求；浙江省台州市“9·9”坍塌事故中，工程地下室基坑开挖方案中没有塔吊塔基开挖的具体详细的专门方案；浙江省杭州市地铁

“11·15”坍塌事故中，基坑坍塌支护体系设计存在薄弱环节、部分节点未详细说明，基坑隆起不满足要求等。

基坑开挖过程中，违反技术规范要求也是造成事故发生的重要原因。如基坑开挖过程中，挖土进度过快，开挖分层过大，超深开挖；护坡桩成桩后即开挖土方；基坑挖到设计标高后未及时封底，暴露时间过长等，另外，基础施工时基坑支护也直接影响到基坑的安全性，若支护不到位则会为基坑施工埋下隐患。本次介绍的6起基坑施工坍塌事故案例中，由于基坑支护不到位造成事故发生的案例有3起，其中较为典型的是安徽省亳州市“10·15”沟槽坍塌事故，就是由于未按照施工规范要求进行放坡而最终导致事故。

4.3.2 施工安全管理问题

1. 建筑单位方面

建设单位未严格审查和优选勘察、设计、施工单位，任意发包建设工程。不办理报建审批手续，不进行设计方案、施工方案、监测方案论证就开始进行设计、施工等。如：青海西宁“3·19”基坑坍塌事故，建设单位把基坑支护工程直接发包给无安全生产许可证的施工单位，对施工现场的工程质量和安全生产的管理和监督不力，且未办理建设工程用地规划许可证、建设工程规划许可证、设计施工图纸审查、质量安全监督、施工许可证，擅自开工建设；广东省信宜市“8·28”深基坑坍塌事故，建设单位在没有取得施工许可证的情况下，非法组织施工。

2. 工程勘察方面

有些工程勘察走形式，没有为设计、施工等环节提供技术支持。勘察资料提供的土层构成、厚度以及土体的物理力学性质指标与实际情况出入较大，导致土压力计算严重失真，支护结构安全度不足。如浙江省杭州市“11·15”地铁基坑坍塌事故，勘察单位没有认真查明当地土质特点，没有考虑采用薄壁取土器取样对土强度参数的影响，未根据当地软土特点综合判断选用推荐土体力学参数，导致相应的计算出现错误。

3. 设计单位方面

设计单位及其相关人员存在无资质或超资质进行设计、甚至有些设计单位不遵守相关规范的规定盲目设计。由于设计人员缺乏经验和不经过详细勘察就进行设计，以致出现支护方案选择不当、荷载取值不准确、治理地下水的措施不得力、支撑结构设计失误等问题。如广东省信宜市“8·28”深基坑坍塌事故，设计单位超出资质等级进行设计，设计时没有考虑施工安全操作和防护需要，未对涉及施工安全的重点部位和环节在文件中注明，未对防范生产安全事故提出指导意见。

4. 施工单位方面

施工现场安全管理混乱，部分项目安全管理人员长期缺位甚至现场安全管理人员缺乏相应资格，部分项目负责人员未按规定开展对作业人员的安全教育和安全技术交底，或安全教育培训和安全交底流于形式、没有针对性。如：浙江省杭州市地铁“11·15”坍塌事故中，由于现场无专职安全管理人员，导致劳务组织管理和现场施工管理混乱；安全技术交底走过场，对于员工的安全教育未落实；青海省西宁市“3·19”基坑坍塌事故，由于在施工前及施工过程中没有进行安全教育及安全交底，导致在发现的基坑负坡后没有采取有效措施排除隐患，冒险施工；内蒙古乌兰察布市“7·5”排水沟塌方事故中，由于安全技术交底不清，导致作业人员对安全操作规程不熟悉。

5. 工程监理方面

监理人员责任心不强、工作不积极主动、操作不规范；对施工单位严重的错误行为不及时制止；监理工作仅仅停留在施工阶段；有时监理人员容易受建设单位的影响，不能实施有效监理，容易走形式。如：浙江省杭州市地铁“11·15”坍塌事故中，监理单位未严格按设计及规范要求监理，对安全生产违法违规行为制止不力；青海省西宁市“3·19”基坑坍塌事故，监理单位对施工单位的施工图纸和施工方案未进行审查；安徽省亳州市“10·15”沟槽坍塌事故中，监理单位对该建设工程的隐患排查整治流于形式。

6. 工程监测方面

有的工程为了节约，基坑施工没有安排施工监测，或不合理削减监测内容，从而使监测工作不力，不能及时判断与处理险情，从而造成事故；有的缺少动态信息监测，不能根据工程进展情况及时调整施工或设计方案；此外，对监测数据分析不够，报警不及时或数据错误都将会导致严重的工程事故。如：浙江省杭州市“11.15”地铁基坑坍塌事故中，检测单位所进行的监测内容及测点数量不满足规范要求，造成多处监测盲区，且部分监测内容的测试方法存在严重缺陷，不能实时反映基坑的真实情况。

7. 建筑安全监管方面

建筑安全监管部门安全责任不能有效落实，未加强对重大分部分项工程各个环节的安全监督管理。如：内蒙古乌兰察布市“7·5”排水沟塌方事故中，建筑安全监督机构虽然下达了整改意见，但未进行跟踪监督。

4.4 基坑施工坍塌事故预防措施

1. 严格按照规定编制基坑专项施工方案和进行施工作业

施工单位应当严格按照《危险性较大的分部分项工程安全管理办法》规定，对开挖深度超过 3m（含 3m）或虽未超过 3m 但地质条件和周边环境复杂的基坑（槽）支护、降水工程；开挖深度超过 3m（含 3m）的基坑（槽）的土方开挖工程编制专项施工方案。对于开挖深度超过 5m（含 5m）的基坑（槽）的土方开挖、支护、降水工程，或开挖深度虽未超过 5m，但地质条件、周围环境和地下管线复杂，或影响毗邻建筑（构筑）物安全的基坑（槽）的土方开挖、支护、降水工程，要组织专家对方案进行论证。

基坑施工前，首先应按照规范的要求，依据基坑坑壁破坏后可能造成后果的严重性确定基坑坑壁的等级，然后根据坑壁安全等级、基坑周边环境、开挖深度、工程地质与水文地质、施工作业设备和施工季节的条件等因素选择坑壁的形式。

基坑围护设计中遇到坑边局部深坑时，必须针对该处按局部深坑底开挖深度进行设计，同时在基坑开挖至一般标高后，浇筑混凝土垫层至围护桩（墙）边，达到一定强度后再开挖，局部深基坑支护结构设计及基坑开挖施工组织设计，除正常的审查外，还必须经建设行政主管部门认可的专家委员会和技术咨询机构审查通过，如中途发生实质性变更，必须进行重新评审。

当基坑顶部无重要建（构）筑物，场地有放坡条件且基坑深度≤10m 时，可以优先采用坡率法。当施工场地不能满足设计坡率值的要求时，应对坑壁采取支护措施。根据基坑坑壁的安全等级选择支护结构。

2. 加强工程建设各方安全生产主体责任的落实

(1) 应当严格执行基坑工程建设程序，确保建设前期工作质量

建设单位应当严格按照要求，办理报建审批手续，同时严格审查和优选符合资质条件的勘察单位、设计单位、施工单位和监理单位等。不得任意肢解发包基坑工程，不得随意压低基坑工程造价，压缩基坑施工的合理工期。

(2) 严格落实基坑工程勘察工作，为基坑支护设计提供依据

基坑支护工程的勘察是进行基坑支护工程设计的前期工作，勘察单位应该根据基坑支护工程设计、施工的特点与内容，对基坑支护工程的勘察工作提出要求。要合理布置勘察布点的密度和深度，采用合理的勘察手段，对基坑支护工程相关的工程地质及水文地质条件进行勘察并提供准确的岩石设计参数，以满足基坑工程支护设计的需要，同时重视周边环境的调查。

(3) 合理设计基坑支护方案，保障基坑支护工程施工的顺利实施

设计单位要高度重视基坑支护的设计工作，根据基坑工程实际情况，选择科学合理的支护方案。要充分考虑施工安全操作和防护的需要，对设计施工安全的重点部位和环节在设计文件中注明，并对防范安全事故提出指导性意见。设计单位应当在设计中提出保障施工作业人员安全和预防生产过程中安全事故的措施建议。

(4) 加强基坑工程的施工安全管理，降低基坑事故风险率

施工单位要加强基坑工程施工过程中的安全生产管理工作，根据现场基坑的实际情况，严格按照专项施工方案和有关标准规范的要求进行施工，要合理选择施工工艺及安排施工顺序，在开挖过程中应遵循“先撑后挖”的原则。施工过程中一旦发现重大危险，要立即组织施工人员撤离现场，确保人员的人身安全。

(5) 严格按照有关规定实施安全监理，防止基坑坍塌事故的发生

监理单位应当对基坑工程进行全过程的监理，不能仅仅停留在施工阶段，同时应该对基坑设计进行严格把关，严格审核基坑支护方案，防止隐患进入施工阶段。另外，加强基坑工程施工过程中的监理，对基坑支护工程的重点部位和重要工序实施旁站监理，提醒施工单位高度重视，保证关键部位的施工安全。

(6) 加大基坑支护工程监测力度，确保基坑施工过程安全

基坑支护结构的监测是防止支护结构发生坍塌的重要手段。在支护结构设计时应提出监测要求，由有资质的监测单位编制监测方案，经设计、监理认可后实施。监测单位在监测前收集各类相关资料结合现场踏勘情况，按照委托方和相关单位的要求以及规范规定编制出监测方案，监测方案经过委托方及相关单位认可后方可实施。要对基坑工程实施动态监测，对监测数据进行充分的分析，发现监测数据异常时应立即采取措施调整基坑支护方案。

(7) 加强现场巡查执法工作，强化隐患排查和事故查处

住房城乡建设主管部门要加强对施工现场的巡查执法工作，把施工现场深基坑工程作为监督执法检查的重点，严查现场的安全管理情况，对发现的隐患要及时督促相关单位整改到位，对存在重大隐患或发生事故的企业和人员要加大查处力度。

第5章　高处坠落事故案例分析及预防措施

根据《建筑施工高处作业安全技术规范》JGJ80-91的定义，凡在坠落高度基准面2m以上（含2m）有可能坠落的高处进行的作业称为高处作业。在建筑施工中因高处作业导致的坠落事故即称为建筑施工高处坠落事故。高处坠落事故为多发事故，历年来占到我国所有建筑施工事故类型的近一半比例。尽管高处坠落较大及以上事故不多，但近年来高处坠落呈现出一次事故死亡人数不断增多的态势，高处坠落事故发生的高度、部位与以往也有所不同。针对目前高处坠落事故这些特点与变化，本书选取了4起具有典型代表的较大及以上事故案例，并结合近年来高处坠落事故的统计数据，对目前高处坠落事故的特点及原因进行分析，并提出预防措施。

5.1　案例介绍

5.1.1　案例一　青海省西宁市“5·4”高处坠落事故（2011）

1. 事故简介

2011年5月4日8时40分，青海省西宁市永宁白金公馆建设项目部架子班在拆除4号楼25层南侧采光井水平硬防护时，25层水平硬防护架体整体坍塌，造成3名作业人员高处坠落死亡。

2011年5月4日早上7时40分左右，永宁白金公馆项目部劳务公司架子工班长安排3人对4号楼剩余硬防护进行拆除。8时40分左右，3人在拆除南侧第25层采光井水平硬防护过程中，使用16磅大锤进行砸除作业，架体突然整体发生坍塌，3名作业人员同时坠落，其中1人从第25层坠落至楼外地面砂堆，坠落高度74.3m，其他2人从第25层坠落至第5层内采光井平台处，坠落高度59.85m。3人经抢救无效死亡。

水平硬防护架体整体坍塌事故现场见图5-1、图5-2。

2. 事故原因

（1）直接原因

据现场勘查与计算分析，永宁白金公馆4号楼南采光井25层水平硬防护架体塌落前已沉积大量结硬成型的混凝土等建筑垃圾，经计算，该水平硬防护架体临界承载极限为205N/mm^2，取混凝土块厚度1.5cm均布荷载为130.9N/mm^2，超临界承载极限12.6%，使三根纵向受力钢管承载超过临界状态，且在拆除25层以上水平硬防护架体和28层工字钢悬挑脚手架过程中一部分坠落物和使用16磅大锤砸除结硬成型混凝土形成冲击荷载以及往楼层内清理砸除的混凝土等杂物时的动荷载，使3根纵向受力钢管受力集中，中间较短钢管变形滑脱，另外两根钢管瞬间受力急剧加大，弯曲变形过大，架体整体坍塌，是造成这起事故发生的直接原因。

图 5-1　水平硬防护架体整体坍塌（一）

图 5-2　水平硬防护架体整体坍塌（二）

（2）间接原因

1）安全生产管理工作不到位，在事故隐患整改期间，对事故隐患识别不够，未对搭设的水平硬防护架体进行安全检查，没有及时清理防护架上散落的建筑垃圾，是造成这起事故发生的间接原因之一。

2）安全教育不到位，安全生产意识不强，作业人员违规操作，未依照安全技术交底拆除前检查水平硬防护架体的安全性，无安全保障措施，未正确使用安全带，现场无安全监护人的情况下违规拆除作业，是造成这起事故发生的间接原因之二。

3）施工单位指挥无架子工特种作业操作证、不具备上架作业资格的工人上架拆除水平硬防护架体作业，违章指挥，是造成这起事故发生的间接原因之三。

4）分包单位安全生产管理工作不到位，监理公司未及时监督进行水平硬防护架体的安全检查、没有及时组织清理防护架上散落的建筑垃圾和制止特种作业人员无证上岗，是造成这起事故发生的间接原因之四。

3. 事故处理

（1）对事故相关人员的处理意见

施工总包单位青海分公司主要负责人、劳务分包单位主要负责人，作为所在公司安全生产第一责任人，未认真履行职责，对事故发生负领导责任，由相关部门处以相应的经济处罚。

（2）对事故单位的处理意见

对施工总包单位、劳务分包单位，由相关部门处以相应的经济处罚，并承担民事责任。对监理公司，由相关部门处以相应的经济处罚。

5.1.2 案例二 广东省中山市“8·10”高处坠落事故（2011）

1. 事故简介

2011年8月10日18时许，中山市古镇镇星光联盟——LED照明灯饰展览中心工地发生一起高处坠落事故，造成4人死亡，直接经济损失372万元。

2011年8月10日下午，中山市古镇镇星光联盟——LED照明灯饰展览中心工地西楼中庭八楼，木工班组共9人正在进行木工材料转移作业。其中5人负责将八楼已拆卸下来的门字架等木工材料搬到八楼的悬挑式物料平台上（该悬挑式物料平台于8月9日搭建，未经过检验合格就直接投入使用），4人负责把该平台上的木工材料堆码好，然后由吊机把堆码好的木工材料从8楼吊上10楼。18时许，4人正在平台上进行木工材料堆码作业时，由于该平台斜拉钢丝绳未按规定锚固，而是直接拉在九楼外脚手架预埋拉结连墙杆上面，同时伸入楼层悬挑梁锚固也不符合要求。在工作过程中，9楼其中一条外脚手架预埋拉结连墙杆受力弯曲，斜拉钢丝绳脱落，造成平台侧翻。正在平台上作业的4人从8楼平台坠落地下室底板上，经医院抢救无效死亡。

卸料平台侧翻现场见图5-3。

图5-3 卸料平台侧翻现场

2. 事故原因

(1) 直接原因

1) 悬挑式物料平台拉索(斜拉钢丝绳)只是简单地套在9楼的外脚手架拉结连墙杆预埋钢管上，没有按规定进行锚固。

2) 悬挑式物料平台悬挑梁锚固不符合要求。

(2) 间接原因

1) 施工公司未依法履行好本单位生产安全管理职责，现场安全管理混乱，设备设施不按规定经核验合格后投入使用，安全检查流于形式。

2) 监理公司对工程的安全生产履行安全监理职责不到位。

3) 建设管理所没有认真履行监管职责，对工程监管不力。

3. 事故处理

(1) 对事故相关人员的处理意见

1) 对施工单位项目部执行经理，由司法机关依法处理。

2) 对项目经理作免职处理，对项目执行副经理作撤职处理，对平台安装拆卸组长、现场施工员作开除处理。

3) 对施工单位中山分公司负责人，由相关部门处以相应的经济处罚。

4) 对监理单位项目总监、总监代表按照有关规定分别作出撤职、解除劳动合同处分。

5) 由古镇镇人民政府对镇建设管理所安全监管组组长作记过处分。

(2) 对事故单位的处理意见

1) 对施工单位，由相关部门处以相应的经济处罚。

2) 对监理单位，由市住房和城乡建设局对实施相应的行政处罚。

5.1.3 案例三 内蒙古乌兰察布市“4·12”高处坠落事故(2012)

1. 事故简介

2012年4月12日，内蒙古自治区乌兰察布市职业学院新校区体育馆项目，5名施工人员在安装彩钢板时发生坠落事故，造成3人死亡，2人受伤。

2012年4月12日，施工人员在乌兰察布市职业学院新校区体育馆钢结构屋面安装彩钢板。工人用钢丝绳悬吊两根钢管搭接接长，将脚手架横搭在两根钢管上形成简易高空脚手板吊架，吊架工作面离地约17m(屋顶高22m)。5名安装工人在没有任何防护措施的情况下同时在吊架工作台上作业。吊架使用的钢丝绳与钢管桁架连接部位受到长期磨损和弯折，13时50分时，吊架西侧钢丝绳突然断裂，5名工人坠落地面，经抢救无效死亡。

事故现场中钢丝绳断裂见图5-4，高处坠落事故现场见图5-5。

2. 事故原因

(1) 直接原因

施工单位与劳务企业签订施工合同进行施工，没有向住房和城乡建设部门上报复工报告。复工报告没有被乌兰察布市住房和城乡建设委员会正式批准前就擅自开工。在施工过程中，自制吊架使用的钢丝绳与钢管桁架连接部位受到长期磨损和弯折，造成钢丝绳疲劳断裂是导致事故发生的直接原因。

(2) 间接原因

1) 施工单位未对作业人员进行安全教育培训，特种作业人员无上岗操作证，违反了

图 5-4　事故现场中钢丝绳断裂

图 5-5　高处坠落事故现场

《建设工程安全生产管理条例》第二十五条的规定。

2）施工单位对进入施工现场的设备构件、材料质量未经核实，致使“三无”产品的钢丝绳进入施工现场。

3）项目总监理工程师没有严格履行职责，施工期间不在现场。

4）乌兰察布市职业学校体育馆项目现场总指挥，在工程实施过程中，没有对工程实施中各项安全规程及对复工前的安全生产条件进行严格把关；复工报告由办理工程相关手续和基建资料整理负责人进行签署，未上报乌兰察布市住房和城乡建设委员会批准，属违规复工；现场安全监管责任意识不明，在事故发生时不在现场，属安全监管不到位。

3. 事故处理

（1）相关责任人员

1）对施工单位法人代表、项目经理、项目总监，处以相应的经济处罚。

2）对建设单位总指挥、项目相关手续和基建资料整理负责人、项目现场监管人员，处以相应的行政处罚。

（2）相关单位

对施工单位、监理单位处以相应的经济处罚。

5.1.4 案例四 浙江省湖州市“6·16”高处坠落事故（2012）

1. 事故简介

2012 年 6 月 16 日，浙江省湖州市东吴国际广场Ⅱ标段施工现场，发生一起高处坠落事故，造成 3 人死亡。

2012 年 6 月 16 日 8 时许，项目架子工班组负责人安排 4 名施工人员拆除电梯井道内水平防护架。8 时 30 分，4 人在未携带高空作业防护用具的情况下先到 14 层电梯井道，发现该部位水平防护架不牢固，便转移到 12 层消防电梯井道。当时消防电梯井道 12 层水平防护架目测已基本呈水平状态（根据施工实际，水平防护架按一定倾斜度架设），上面堆积有 20cm 厚的混凝土和木板等建筑垃圾，纵向受力的钢管只有两根。施工人员首先拆除了电梯井道北段 14 层到 12 层的垂直脚手架。9 时许，4 人进入消防电梯井道内的水平防护架上开始清理垃圾，为下一步拆除水平防护架作准备。9 时 30 分许，一名施工人员走出井道喝水，离开数秒后，井道内的水平防护架发生局部坍塌（图 5-6、图 5-7），其余 3 人随即坠落至井道地下 2 层，2 人当场死亡，1 人经医院抢救无效死亡。

图 5-6 井道内的水平防护架发生局部坍塌（俯视）

2. 事故原因

（1）直接原因

1）项目架子工班组实际负责人在未实地查看施工现场、未交待安全事项、未提供安全带、安全绳等个人防护用具的情况下，安排无特种作业资格的人员作业，是导致事故发

图 5-7　井道内的水平防护架发生局部坍塌（正视）

生的直接原因之一。

2）事发电梯井道内所采取的安全防护措施不符合《安全施工组织设计》要求，项目负责人、项目安全组组长组织通过了对事发电梯井道水平防护架的验收，并投入使用。该水平防护架的纵向受力钢管只有两根，间距过大，导致防护架承受力达不到设计要求。且建筑垃圾堆积过多，没有得到及时清理，致使纵向受力钢管因压力过大而弯曲变形，存在重大安全隐患，是导致事故发生的直接原因之一。

（2）间接原因

1）施工单位及项目部对安全生产工作不重视，内部安全管理混乱，未有效履行安全生产职责，降低安全生产条件。

2）监理单位未检查施工现场安全防护措施是否符合安全组织设计方案要求，日常检查中发现安全隐患未及时要求施工方处置到位，未严格审查“三类人员”资格，是导致事故发生的间接原因之一。

3）建设主管部门未有效督促项目对存在的安全隐患整改到位，未严格督促企业开展日常安全检查和事故隐患治理，对该项目安全监管职责落实不到位，是导致事故发生的间接原因之一。

3. 事故处理

（1）相关责任人员

1）对项目负责人、项目架子工班组实际负责人、项目安全组组长移送司法机关依法追究刑事责任。

2）对施工单位总经理，由相关部门给予相应的行政处罚；项目分公司经理安全生产考核合格证书予以暂扣，对项目负责人及 3 名专职安全员收回安全生产考核合格证书。

3）对市建筑安全监督站分管副站长给予行政处分。

（2）相关单位

对施工单位、监理单位处以相应的行政处罚，并由建设主管部门暂扣施工单位安全生产许可证。

5.2 高处坠落事故发生特点及规律

高处坠落事故是多发性安全生产事故，是建筑施工生产安全事故中比例最大、人员伤亡最多的事故类型。据统计，2013 年，全国房屋市政工程生产安全事故中，高处坠落事故 294 起，占总数的 55.7%，是各种事故类型中最多的一种。从国外情况来看，在世界范围内高处坠落事故都是建筑安全事故中数量最多比例最大的类型。因此，高处坠落是每个国家建筑安全生产都面临的治理重点和难点，也是在短时间内很难根除和明显改善的，必须制定长期有效的管理机制。

通过对近年来发生的高处坠落事故进行统计分析显示，高处坠落事故中，因现场防护不到位导致事故的比率约为三分之二左右，排在第一位；因人为操作失误导致事故约为四分之一，排在第二位。因此，预防高处坠落事故的关键：一是加强对建筑施工现场容易发生高处坠落事故的重点部位的防护；二是加强对施工人员的安全教育培训，提高他们的安全意识和自我防范能力。

5.3 高处坠落事故原因统计分析

5.3.1 施工安全防护技术问题

施工现场的重点部位，如：砌筑、抹灰、钢筋等操作平台；塔吊、施工升降机和物料提升机卸料平台；楼层临边洞口；外脚手架；物料提升机；吊篮；屋面等临边、洞口、作业面等安全防护设施不完善、安全防护措施不到位是高处坠落事故发生的最重要原因之一。如：青海省西宁市“5・4”事故，施工人员未依照安全技术交底拆除前检查水平硬防护架体的安全性，人员无安全保障措施，也未正确使用安全带，在作业现场无安全管理人员的情况下违规进行拆除作业，最后导致事故的发生；广东省中山市“8・10”高坠事故中，悬挑式物料平台的斜拉钢丝绳只是简单地套在 9 楼的外脚手架拉结连墙杆预埋钢管上，没有按规定进行锚固，结果施工人员随着物料平台的突然塌落而坠落死亡。

5.3.2 施工安全管理问题

1. 施工企业安全责任不落实

施工单位安全管理不到位，未认真落实安全生产责任制。一些施工企业为了追求利润最大化而在安全防护方面投入不足，预防高处坠落的安全设施被简化或缺失。项目管理人员对现场存在的习惯性违章和一些隐患问题不敏感、不制止，无动于衷、见怪不怪，甚至有的管理人员还带头盲目乱干。如浙江省湖州市“6・16”事故，事发电梯井道内所采取的安全防护措施不符合安全施工组织设计方案的要求，但是项目负责人、项目安全组组长却组织相关人员通过了对电梯井道水平防护架的验收，并投入使用，导致事故的发生。

2. 安全教育培训不到位

施工企业未按规定开展对作业人员的安全教育和安全技术交底，或安全教育和安全交底流于形式、没有针对性。施工人员安全生产意识淡薄，一些从事高空作业的施工人员，不佩戴安全带、防滑鞋等安全防护用品，不具备特种作业资格证书。如青海省西宁市“5・4”

高处坠落事故中，由于安全教育不到位，施工作业人员安全意识淡薄，在作业时未正确使用安全带；另外，施工单位指挥无架子工特种作业操作证、不具备上架作业资格的工人上架拆除水平硬防护架体作业，最后导致事故的发生。

3. 监理单位安全监理不力

项目监理单位未按规定认真履行监理职责，对施工现场安全防护不到位的问题没有及时督促施工单位整改，对施工企业和项目人员违章指挥、违规作业等行为视而不见。如：广东省中山市“8·10”高处坠落事故中，监理公司对该项目中心工程的监理职责不到位；青海省西宁市“5·4”高处坠落事故中，监理单位没有及时组织清理防护架上散落的建筑垃圾和制止特种作业人员无证上岗；内蒙古乌兰察布市“4·12”事故中，项目总监经常不在施工现场。

5.4 高处坠落事故预防措施

从具体事故原因分析和调查情况来看，高处坠落事故多发，发生部位不确定，不可能从单一技术手段或者单一管理手段就可以彻底预防高处坠落事故的发生。因此，要针对事故发生的一般规律，从技术上和管理上相对系统地提出预防高处坠落事故的对策及建议。

1. 切实提高施工现场安全防护水平

施工现场安全管理是个动态管理的过程，加强安全防护设施的管理也必须采取行之有效的措施。施工前必须对高处作业的安全标志、工具、仪表、电器设备和其他各种设备进行全面检查，确认无误后方可投入使用；施工过程中，对高处作业应制定安全技术措施，当发现有缺陷和隐患时，必须及时解决；危及人身安全的必须停止作业；因作业需要，临时拆除或变动安全防护设施时，必须采取相应的可靠措施后实施；井架、施工电梯等垂直运输设备与建筑物通道的两侧边，必须设防护栏杆；地面通道上部应搭设安全防护棚，双笼井架通道间，应予以分隔封闭。各种垂直运输接料平台，除两侧设防护栏杆外，平台口还应设置安全门；起重吊装作业、塔吊、物料提升机及其他垂直运输设备的施工组织设计应详细编制，设计中应包括专项计算、装拆施工顺序、安全技术措施与注意事项、特殊情况防范措施等，装拆过程应严格按有关标准、规范执行；施工作业场所所有存在坠落隐患的物件，应一律先行拆除或加以固定，高处作业所有的物料均应堆放平稳，不得妨碍通行及装拆作业。雨天和雪天进行高处作业时，必须采取可靠的防滑、防寒和防冻措施，遇强风、大雾等恶劣天气，不得进行露天攀登与悬空高处作业。

2. 加强对施工人员的安全教育培训工作

高处作业中作业个体相对独立，作业环境复杂，而且面临不断变化的风险因素，在这样的环境下，对于危险或隐患问题的处理主要靠个人的安全技能和经验。因此，提高作业工人个体行为安全是避免发生高处坠落事故的最有效也是最后的一道防线。要切实加强对作业人员的安全教育培训力度，采取有效措施，确保安全教育培训的效果；要认真执行班组安全教育和安全技术交底制度，确保施工人员的行为安全。要加大现场安全检查的力度，通过安全巡检、周检、专项检查等方式对在高处作业中违反安全技术操作规程的人员和违反劳动纪律的行为进行纠正，彻底改变作业人员习惯性违章的行为。

3. 认真落实安全生产责任制

（1）施工企业要严格按照要求对规定范围内的高空作业编制施工安全专项方案，且方案必须按照程序进行审批。对于危险性较大的工程如高大模板工程、30m以上的高空作业专项方案还必须组织专家论证审查。要加强对可能会发生高处坠落事故的重点部位的隐患排查治理，尤其是临边、洞口及各类平台等部位。施工前，应逐级进行安全教育及安全作业技术交底，落实所有安全技术措施和个体防护用品，做到纵向到底，横向到边。建筑施工现场，特别是高处作业场所，应设置明显的安全色标、安全标志，传递安全信息，以利于高处作业人员辨别安全区和安全重点关键部位。要积极开发、引进并利用新技术，提高施工现场重点部位的安全防护水平和施工人员个人防护装备的配备。

施工单位要加强对进入施工现场的特种作业人员资格的审核，确保符合条件、具备相应特种作业人员资格的人员进入施工现场。施工总包单位与分包单位之间要加强沟通，确保各方安全职责落实到位。要建立健全现场安全管理体系，在高处作业的管理和控制方面做到关键部位有检查，危险部位有监护，进一步减少建筑施工伤亡事故的发生。

（2）监理单位要认真履行监理职责，督促施工单位加大安全投入，加强施工现场安全防护，同时加强对施工现场安全防护、人员持证上岗等情况的检查力度，对发现的可能导致高空坠落危险的隐患及时督促施工企业整改到位。

附件 1

模板支撑工程及脚手架坍塌事故原因调查表

设计因素	现场实际情况与设计计算有差距	专项方案没有针对性	方案审批手续不齐全	专项方案的计算不全面	无专项方案	模板脚手架系统设计存在问题	模板支撑失去稳定	实体与专项方案不一致
操作因素	未按方案搭设	立杆定位线未弹好	立杆下端未设底座	材料用料减少	搭设时减少安装材料	工人看不懂方案	搭设方式不当	维修与保养过程中违章作业
材料因素	钢管壁厚不足	扣件的质量较差	重复使用混乱	木立柱配件材质差	木立柱梢头直径不足	扣件与钢管的贴合面不配套	模板支架立杆的底座强度不足	
合同管理	承包给不具备资质企业或个人			资质挂靠	未签订搭设合同		未签订安全生产协议	
安全管理方面	安装过程无人监管	未组织安全技术交底、教育培训	施工现场管理混乱	缺少技术负责人	安装人员没有上岗证	监理未履行责任	无设备管理人员或维保工作不到位	
基本程序	不组织验收	无施工许可证	无产权备案	未办理搭设告知	未检测	未办理安全监督手续		

说明：对于存在的问题请在相应表格内划“√”

附件 2

建筑起重机械伤害事故原因调查表

事故发生阶段	安装阶段		顶升加节阶段	使用阶段		维修阶段	拆除阶段	
设备因素	设计、制造、维修、改造缺陷	螺栓强度、数量不够或未紧固	附着不到位	安全防护、保险及信号装置失灵	吊具、索具存在缺陷	电器元件损坏、操控装置失灵	假冒伪劣设备	超过规定使用年限
操作因素	未按方案安拆、顶升加节	违规安拆	超负荷运行	指挥错误或指挥信号不清或无指挥	不按规定归位、锚固、锁定	不按规定使用保险、信号装置	起吊方式不当	维修与保养过程中违章作业
环境因素	视线遮挡或照明受限	群塔作业影响	6 级以上大风影响	架空输电线影响	外架影响	基坑坍塌影响	与既有建筑物安全距离不够	

续表

合同管理	发包给不具备资质企业或个人		资质挂靠	未签订租赁合同	未签订安拆合同		未签订安全生产协议	
安全管理方面	未编审安拆方案	未组织安全技术交底、教育培训	安拆管理人员未到岗履职	安拆、顶升加节附着监理未旁站	安拆人员无证上岗	检测报告不真实、检测内容不齐全	操作人员无证上岗	无设备管理人员或维保工作不到位
基本程序	未办理安全监督手续	无施工许可证	无产权备案	未办理安拆告知	未检测	未安装验收	未办理使用登记	
安全技术档案	定期检验报告	定期检查记录	维修、保养记录	检查交接班记录	技术改造记录	生产安全事故记录	累计运转记录	历次安装记录

说明：对于存在的问题请在相应表格内划“√”

附件 3

基坑施工坍塌事故原因调查表

设计因素	支护结构施工质量不符合设计要求		无基坑支护结构设计	无施工组织设计	无视与基槽相邻的建筑物		基坑开挖方案不合理
操作因素	坑壁的形式选用不合理	坑壁土方施工不规范	放坡不当	对地表水的处理不重视	不按施工组织设计施工	忽视导致土体应力增加的因素	忽视周边环境、建筑物等对基坑的影响
环境因素	施工用水渗透	地表及地下水渗流	基坑底土因卸载而隆起		基坑边缘存在堆土等		雨季雨水渗入边坡
合同管理	承包给不具备资质企业或个人		资质挂靠	未签订租赁合同	未签订安拆合同		未签订安全生产协议
安全管理方面	未编审施工方案	未组织安全技术交底、教育培训		管理人员未到岗履职	无现场监测	操作人员无证上岗	无设备管理人员或维保工作不到位
基本程序	未办理安全监督手续		无施工许可证	未办理施工告知	未检测	未组织验收	未进行地质勘测报告

说明：对于存在的问题请在相应表格内划“√”

附件 4

高空坠落事故原因调查表

<table>
<tr><td rowspan="2">设备因素</td><td>脚手架不符合规定要求</td><td>梯子存在结构、强度等缺陷</td><td>平台缺少防护</td><td>登高作业车缺少栏杆</td><td>登高作业工具选择不当</td><td>脚手板材质不符合要求</td><td>安全带、安全网等不符合特种设备的要求</td></tr>
<tr><td></td><td></td><td></td><td></td><td></td><td></td><td></td></tr>
<tr><td rowspan="2">操作因素</td><td>不正确使用梯子</td><td>高处作业不系安全带</td><td>恶劣天气下高处作业</td><td>作业人员违章操作</td><td colspan="2">在刨花板、三合板顶棚上行走</td><td>工人操作不慎造成意外</td></tr>
<tr><td></td><td></td><td></td><td></td><td colspan="2"></td><td></td></tr>
<tr><td rowspan="2">人的因素</td><td>作业人员有禁忌症</td><td>作业人员着装不符合安全要求</td><td colspan="2">作业人员身体条件不符合安全要求</td><td colspan="2">作业人员劳动保护用品使用不当</td><td>作业人员安全技术知识的缺乏</td></tr>
<tr><td></td><td></td><td colspan="2"></td><td colspan="2"></td><td></td></tr>
<tr><td rowspan="2">合同管理</td><td colspan="2">承包给不具备资质企业或个人</td><td>资质挂靠</td><td>未签订租赁合同</td><td colspan="2">未签订安拆合同</td><td>未签订安全生产协议</td></tr>
<tr><td colspan="2"></td><td></td><td></td><td colspan="2"></td><td></td></tr>
<tr><td rowspan="2">安全管理方面</td><td>施工方案不合理</td><td>未组织安全技术交底、教育培训</td><td>安全管理人员未到岗履职</td><td>安全检查落实不到位</td><td>劳动组织不合理</td><td>操作人员无证上岗</td><td>无设备管理人员或维保工作不到位</td></tr>
<tr><td></td><td></td><td></td><td></td><td></td><td></td><td></td></tr>
<tr><td rowspan="2">基本程序</td><td>未办理安全监督手续</td><td>无施工许可证</td><td>无产权备案</td><td>未办理施工告知</td><td>未检测</td><td>未安装验收</td><td>未办理使用登记</td></tr>
<tr><td></td><td></td><td></td><td></td><td></td><td></td><td></td></tr>
</table>

说明：对于存在的问题请在相应表格内划“√”